上海市工程建设规范

逆作法施工技术标准

Technical specification for construction of top-down method

DG/TJ 08—2113—2021

J 12191—2021

主编单位：上海建工二建集团有限公司
　　　　　华东建筑设计研究院有限公司
批准部门：上海市住房和城乡建设管理委员会
施行日期：2021 年 9 月 1 日

同济大学出版社

2021　上海

图书在版编目(CIP)数据

逆作法施工技术标准/上海建工二建集团有限公司，华东建筑设计研究院有限公司主编. —上海：同济大学出版社，2021.12

ISBN 978-7-5608-9877-3

Ⅰ.①逆… Ⅱ.①上… ②华… Ⅲ.①逆作法-技术标准-上海 Ⅳ.①TU753-65

中国版本图书馆 CIP 数据核字(2021)第 168119 号

逆作法施工技术标准

上海建工二建集团有限公司
华东建筑设计研究院有限公司　　　　主编

策划编辑　张平官
责任编辑　朱　勇
责任校对　徐春莲
封面设计　陈益平

出版发行　同济大学出版社　　www.tongjipress.com.cn
　　　　　(地址：上海市四平路 1239 号　邮编：200092　电话：021-65985622)
经　　销　全国各地新华书店
印　　刷　浦江求真印务有限公司
开　　本　889mm×1194mm　1/32
印　　张　3.75
字　　数　101 000
版　　次　2021 年 12 月第 1 版　　2021 年 12 月第 1 次印刷
书　　号　ISBN 978-7-5608-9877-3
定　　价　40.00 元

上海市住房和城乡建设管理委员会文件

沪建标定〔2021〕222 号

上海市住房和城乡建设管理委员会
关于批准《逆作法施工技术标准》
为上海市工程建设规范的通知

各有关单位：

由上海建工二建集团有限公司、华东建筑设计研究院有限公司主编的《逆作法施工技术标准》，经我委审核，现批准为上海市工程建设规范，统一编号为 DG/TJ 08—2113—2021，自 2021 年 9 月 1 日起实施。原《逆作法施工技术规程》DG/TJ 08—2113—2012 同时废止。

本规范由上海市住房和城乡建设管理委员会负责管理，上海建工二建集团有限公司负责解释。

特此通知。

上海市住房和城乡建设管理委员会

二〇二一年四月九日

前　言

　　根据上海市住房和城乡建设管理委员会《关于印发〈2017年上海市工程建设规范和标准设计编制计划〉的通知》（沪建标定〔2016〕1076号）的要求，由上海建工二建集团有限公司和华东建筑设计研究院有限公司会同有关单位对《逆作法施工技术规程》DG/TJ 08—2113—2012进行修订。标准编制组经广泛的调查研究，认真总结实践经验，并参照国内外相关标准和规范，在反复征求意见的基础上，完成本标准的编制。

　　本标准主要内容有：总则；术语；基本规定；施工准备；围护结构施工；竖向支承桩柱施工；先期地下结构施工；后期地下结构施工；上下同步逆作法施工；基坑降水；基坑开挖；预制板盖挖法施工；监测；施工安全与作业环境控制。

　　本次修订的主要内容是：新增了桩墙合一、铣削式等厚度水泥土搅拌墙、后期结构预制构件施工、周边环境保护、信息化监测等内容。

　　各单位及相关人员在执行本标准过程中，如有意见和建议，请反馈至上海市住房和城乡建设管理委员会（地址：上海市大沽路100号；邮编：200003；E-mail：shjsbzgl@163.com）、上海建工二建集团有限公司（地址：上海市梧州路289号；邮编：200080；E-mail：sh2j@sh2j.com）、上海市建筑建材业市场管理总站（地址：上海市小木桥路683号；邮编：200032；E-mail：shgcbz@163.com），以供今后修订时参考。

　　主 编 单 位：上海建工二建集团有限公司

　　　　　　　　华东建筑设计研究院有限公司

参 编 单 位 : 华建集团上海地下空间与工程设计研究院
上海申元岩土工程有限公司
同济大学
上海市基础工程集团有限公司
上海大境建筑设计事务所
中船第九设计研究院工程有限公司
上海广联环境岩土工程股份有限公司
上海广大基础工程有限公司

主要起草人 : 龙莉波　王卫东　姜向红　刘国彬　李耀良
缪俊发　许　亮　吴洁妹　宋青君　富秋实
徐中华　于亚磊　翁其平　郭延义　邸国恩
张振礼　梁志荣　金国龙　彭光磊　李忠诚
崔永高　蒋季明　李隽毅　吴国明　戚健文
陈永才　席金虎　孙宝成　汪思满　王　勇
章　谊　李　星　马跃强　刘若彪　冯翠霞
赵　琪　强振宇　张　敏　谢兆良　佘清雅
郭　健

主要审查人 : 应惠清　王美华　王　杰　郑七振　张　铭
周质炎　王洪新

上海市建筑建材业市场管理总站

目 次

Contents

1 总　则

1.0.1 为规范地下工程逆作法施工,做到技术先进、经济合理、安全适用、保证质量、保护环境,制定本标准。

1.0.2 本标准适用于本市新建、改建和扩建项目地下工程的逆作法施工。

1.0.3 地下工程逆作法施工除应符合本标准的规定外,尚应符合国家、行业和本市现行有关标准的规定。

2 术　语

2.0.1　逆作法　top-down method

利用主体地下结构的全部或部分作为地下室施工期间的基坑支护结构,自上而下施工地下结构并与土方开挖交替实施的施工工法。

2.0.2　界面层　interface layer

建筑工程逆作法施工中首先施工的地下水平结构层,即主体结构顺作与逆作的分界层。

2.0.3　上下同步逆作法　synchronous construction of superstructures and underground structures

向下逆作施工地下结构的同时向上施工界面层以上主体结构的施工工法。

2.0.4　两墙合一　dual-purpose diaphragm wall

地下连续墙兼作基坑围护墙和主体地下结构的外墙或外墙的一部分。

2.0.5　桩墙合一　dual-purpose pile wall

灌注排桩兼作基坑围护桩和主体地下结构外墙的一部分。

2.0.6　竖向支承桩柱　vertical support

逆作法施工中将施工阶段竖向荷载传递到地基的竖向支承结构,由竖向支承桩和竖向支承柱组成。

2.0.7　先插法　pre-inserting method

竖向支承桩柱施工中,先安放竖向支承桩的钢筋笼和竖向支承柱,其后整体浇筑支承桩混凝土的竖向支承桩柱的施工方式。

2.0.8　后插法　post-inserting method

竖向支承桩柱施工中,先浇筑竖向支承桩混凝土,在混凝土初凝前采用专用设备插入竖向支承柱的竖向支承桩柱的施工方式。

2.0.9 一柱多桩 single post on several vertical support

逆作法施工期间,在一根结构柱位置布置多根竖向支承桩柱的竖向支承结构型式。

2.0.10 先期地下结构 pre-construction underground structures

逆作阶段基础底板形成之前施工的地下水平结构和地下竖向结构。

2.0.11 后期地下结构 post-construction underground structures

基础底板施工完成之后再进行施工的地下水平结构和地下竖向结构。

2.0.12 逆作施工平台层 top-down construction layer

建筑工程逆作法施工中用作施工机械作业、土方车辆运行和施工材料堆放的作业平台所在结构层。

2.0.13 垂吊模板 hanging formwork

浇筑地下结构混凝土所采用的悬挂在上层结构上的模板系统。

2.0.14 超灌法 excessive grouting method

后期地下竖向结构施工时,采用浇捣孔或者喇叭口等措施浇灌混凝土使浇灌面超出施工缝一定高度的施工方法。

2.0.15 灌浆法 grouting method

后期地下竖向结构混凝土浇筑时,与先期地下结构之间预留一定的间隙,其后采用灌浆料进行充填密实的施工方法。

2.0.16 注浆法 slip casting method

后期地下竖向结构混凝土浇筑完成后,在与先期地下结构之间接缝部位,采用注浆材料加压注浆的施工方法。

2.0.17 监控信息化管理系统 monitoring management system

将自动采集、人工采集的数据进行存储、分析、处理、查询并自动预测及预报警的系统。

2.0.18 预制板盖挖法 cover-excavation method with prefabricated plate

将预制盖板作为封闭顶板的盖挖法。

3 基本规定

3.0.1 逆作法宜采用支护结构与主体结构相结合的形式。围护结构宜与主体地下结构外墙相结合,采用两墙合一或桩墙合一;水平支撑体系应全部或部分采用主体地下水平结构;竖向支承桩柱宜与主体结构桩、柱相结合。

3.0.2 围护结构设计应考虑逆作法施工的特点和工况要求,分层土方开挖深度应符合设计工况要求,且应满足逆作结构楼板的施工空间要求。

3.0.3 逆作法竖向支承结构由竖向支承柱和竖向支承桩组成。支承柱可采用格构柱、H型钢柱或钢管混凝土柱等结构型式;支承桩宜采用灌注桩,并宜利用主体结构工程桩。

3.0.4 竖向支承桩应进行逆作阶段的单桩承载力和竖向变形计算。支承桩竖向变形的计算除应考虑施工阶段竖向荷载作用外,尚应考虑基坑开挖卸荷土体回弹隆起的影响。

3.0.5 竖向支承桩柱施工时,应根据设计要求进行垂直度控制,逆作法土方开挖过程中相邻竖向支承柱之间、竖向支承柱与围护墙之间的差异沉降应控制在设计要求范围内。

3.0.6 先期地下水平结构应根据逆作阶段的平面布置和工况,按水平向和竖向联合受荷状态进行承载力和变形计算。

3.0.7 逆作法施工中,应对支护结构与主体结构各部位的节点连接构造、受力及变形协调、止水等方面采取针对性的技术措施,并应满足设计要求。

3.0.8 采用上下同步逆作的工程,应选择合适的上下同步施工界面层及上下同步施工流程,确定适用于上下同步施工工况的场地布置和机械配置,采用受力明确、施工方便且与主体结构构件结合良好的施工阶段临时构件和节点形式。

3.0.9 逆作法施工过程中,应采取有效的地下水控制措施,并应对基坑内外的地下水位、降水井群出水量进行动态监测,实行降水运行信息化管理。

3.0.10 逆作法基坑开挖应按照"时空效应"原理,遵循"分层、分块、平衡、对称、限时"的原则,并应符合基坑设计要求的开挖工况。

3.0.11 逆作法建筑工程应进行信息化施工,并对基坑支护体系、地下结构和周边环境进行全过程监控。

3.0.12 逆作法施工中,应采取有效的安全及作业环境控制措施,对通风排气及照明设施进行专项施工设计,并对电力线路采取有效保护措施。

3.0.13 建筑工程逆作法的设计、施工、检测和监测应符合现行行业标准《建筑工程逆作法技术规程》JGJ 432 的有关规定。

4 施工准备

4.0.1 逆作法工程开工前,施工与设计等相关单位应相互配合,并应确定下列内容:

1 基坑周边各段的环境保护等级及基坑变形控制指标。

2 逆作法结构施工与土方开挖的交叉施工工况和作业流程。

3 对于地上地下结构同步施工的工程,确定其施工界面层、向上施工目标层数以及同步施工的流程。

4 逆作结构与基坑围护结构的连接方式和节点设计。

5 逆作法主要的水平向和竖向传力途径以及重要构件和关键节点的施工工艺与控制要求。

6 施工平台层的平面布置、行车路线、堆载要求、取土口的留设以及所需要采取的结构加强措施。

7 先期施工结构与后期施工结构的接缝处理要求。

8 逆作施工阶段临时构件的设置和拆除方式以及与后期施工结构部分的转换形式。

4.0.2 基坑工程施工前,应完成以下准备工作:

1 工程地质和水文勘察资料。

2 主体建筑、结构设计文件。

3 基坑支护设计文件,并应得到主体结构设计单位书面同意。

4 地上、地下结构同步施工的相关要求。

5 场地周边环境资料及保护要求。

4.0.3 工程施工前,应根据设计文件及现行有关标准规定编制施工组织设计。施工组织设计应包括以下主要内容:

1 围护结构施工方案。

2 竖向支承桩柱施工方案。

3 先期、后期结构施工方案。

4 细部构造及防水处理施工方案。

5 临时构件施工及拆除方案。

6 地下水控制、土方挖运及土体加固方案。

7 施工安全与作业环境控制、文明、环保技术方案。

8 监测方案。

9 应急预案。

5 围护结构施工

5.1 一般规定

5.1.1 逆作法围护结构可采用地下连续墙、灌注桩排桩和咬合桩等形式,技术成熟的条件下,可采用型钢水泥土搅拌墙。

5.1.2 围护结构施工前应收集相关资料,除应满足本标准第 4.0.2 条外,尚应包括下列资料:

    1 施工现场的地形、地质、气象和水文资料。

    2 邻近建(构)筑物,包括地铁、隧道、高架道路、地下人防等相关资料。

    3 邻近古树和地下管线、架空线、河道防汛墙等相关资料。

    4 测量基线和水准点资料。

    5 防洪、防汛、防台和环境保护的有关规定。

    6 主体地下结构防水、排水要求。

5.1.3 围护结构施工前应进行下列准备工作:

    1 不良地质查验。

    2 复核测量基准线、水准基点,并在施工中做好复测及保护工作。

    3 场地内的道路、供电、供水、排水、泥浆循环系统及泥浆干化系统等设施应布置到位。

    4 标明和清除围护结构处的地下障碍物,妥善处理地下管线,做好施工场地平整工作。

    5 场地内有承压水的钻探孔采取相应的处理措施。

    6 做好设备进场安装调试、检查验收工作。

7 围护结构位于不良土质时,施工前宜进行预加固处理。

5.1.4 围护结构施工中应进行过程控制,通过现场监测和检测及时掌握围护结构的施工质量,并应采取减少对周边环境影响的措施。

5.1.5 围护结构施工应严格执行职业健康安全和环境保护的有关规定,废浆渣土处置应符合要求,废浆宜采用泥水分离干化措施,严禁违章排放。

5.1.6 围护结构施工应符合现行上海市工程建设规范《基坑工程技术标准》DG/TJ 08—61 的规定。

5.2 地下连续墙

5.2.1 地下连续墙施工前应通过试成槽确定成槽机械、施工工艺以及护壁泥浆配比等技术参数,并验证槽壁稳定性。

5.2.2 地下连续墙成槽应采用具有自动纠偏功能的成槽设备,成槽过程中应及时纠偏,垂直度偏差不应大于1/300。

5.2.3 地下连续墙位于暗浜区、扰动土区、浅部砂性土中或邻近保护要求较高的建(构)筑物时,地下连续墙两侧槽壁应采用水泥土搅拌桩等进行预加固。

5.2.4 成槽深度进入密实粉砂层(标贯击数 N 大于 50)较深时,宜采用抓铣结合的方法成槽。

5.2.5 护壁泥浆应根据材料和地质条件进行试配,泥浆配合比应按现场试验确定。

5.2.6 新拌制的泥浆应充分水化后贮存 24 h 以上方可使用,成槽时泥浆的供应及处理系统应满足泥浆使用量的要求,并采用泥浆检测仪器检测泥浆指标;槽段开挖结束后及钢筋笼入槽前应对槽底泥浆和沉淀物进行置换。

5.2.7 循环泥浆应采取分离净化等再生处理措施;当泥浆含砂率大于 7% 时,宜采用除砂器除砂。

5.2.8 地下连续墙槽段接头应根据地层条件、荷载情况、地下连续墙的深度和防渗要求等因素综合确定。

5.2.9 在地下连续墙槽段接头外侧,宜根据基坑深度、地质条件及防渗要求采取高压喷射注浆等防渗加强措施。

5.2.10 地下连续墙钢筋笼制作场地应平整坚实,平面尺寸应满足制作和拼装要求;采用分节吊放的钢筋笼应在场地同胎制作并进行预拼装,分节位置应满足设计与规范要求。

5.2.11 钢筋笼上的剪力槽、插筋、接驳器等应满足设计要求,并应按要求进行外观、尺寸、抗拉等检验,钢筋接驳器最小净距应满足浇筑过程中混凝土面的上升需求。

5.2.12 地下连续墙钢筋笼吊筋长度应根据导墙标高计算确定,应在每幅槽段钢筋笼吊放前测量吊点处的导墙标高,并确定吊筋长度。

5.2.13 墙底沉渣厚度、钢筋笼制作误差、墙体宽度深度误差、充盈系数及保护层控制标准应满足设计要求。

5.2.14 地下连续墙应进行墙底注浆,墙底注浆应符合下列规定:

1 注浆管应采用钢管,壁厚不应小于 3 mm,接头处应采用丝扣套筒连接,注浆器应采用单向阀,应能承受大于 1 MPa 的静水压力。

2 单幅槽段长度 4 m 以上的注浆管数量不应少于 2 根,单幅槽段长度 4 m 以下的注浆管数量不应少于 1 根,注浆管宜设置在墙厚中部,且应沿槽段长度方向均匀布置,注浆管下端应伸至槽底以下 200 mm~500 mm;槽段长度大于 6 m 时,注浆管不宜少于 3 根。

3 注浆管应在混凝土初凝后、终凝前采用清水开塞。

4 注浆宜在墙体混凝土达到设计强度后方可进行,注浆量应满足设计要求,注浆压力宜控制在 0.2 MPa~1.0 MPa。

5 当注浆量达到设计要求或者注浆量达 80%设计用量且压力达到 2 MPa 时,可终止注浆。

5.2.15 预制地下连续墙作围护结构时,应符合下列规定:

1 应根据预制地下连续墙的规格,选择适当的运输及起吊设备,并安排好施工现场的道路和堆放条件。

2 合理确定分幅和预制件长度,墙体分幅长度应满足成槽稳定性要求。

3 成槽顺序应先转角幅后直线幅,成槽深度应大于墙段埋置深度 100 mm~200 mm。

4 相邻槽段应连续成槽,幅间接头宜采用现浇钢筋混凝土接头。

5 采用普通泥浆护壁成槽施工的预制地下连续墙,应在墙内预先埋设注浆管,墙体与槽壁之间的空隙应进行注浆固化处理,槽底可进行加固处理。

6 吊放墙段时,应在导墙上安装导向架。

5.2.16 两墙合一地下连续墙施工质量检测应符合下列规定:

1 槽壁垂直度、深度、宽度及沉渣应全数进行检测;当采用套铣接头时,应对接头处进行两个方向的垂直度检测。

2 现浇墙体的混凝土质量应采用超声波透射法进行检测,检测数量不应少于墙体总量的 20%,且不应少于 3 幅。

3 当采用超声波透射法判定的墙身质量不合格时,应采用钻孔取芯法进行验证。

4 墙身混凝土抗压强度试块每 100 m³ 混凝土不应少于 1 组,且每幅槽段不应少于 1 组,每组 3 件;墙身混凝土抗渗试块每 5 幅槽段不应少于 1 组,每组 6 件。

5.2.17 地下连续墙临时围护结构的槽壁垂直度、深度、宽度及沉渣检测数量为总数的 20%。有可靠的施工经验和数据支持时,可不进行超声波透射法检测;否则,按第 5.2.16 条第 2 款执行。

5.2.18 地下连续墙的施工应符合现行上海市工程建设规范《地下连续墙施工规程》DG/TJ 08—2073 的规定。

5.3 灌注桩排桩

5.3.1 灌注桩排桩施工前应通过试成孔确定合适的成孔机械、施工工艺、孔壁稳定等技术参数,试成孔数量不宜少于 2 个。

5.3.2 灌注桩排桩成孔机械应能确保垂直度,施工过程中采取措施确保孔壁垂直度偏差不应大于 1/150;有竖向承载力要求时,孔底沉渣厚度不应大于 100 mm。

5.3.3 当灌注桩排桩作为主体地下结构外墙时,垂直度偏差不应大于 1/200。

5.3.4 灌注桩排桩桩身范围内存在较厚的粉性土、砂土层时,应采取下列一种或多种措施处理:

1 采用膨润土造浆,提高泥浆黏度。

2 先施工隔水帷幕,后施工围护排桩。

3 在围护结构位置采用低掺量水泥土搅拌桩预加固。

5.3.5 灌注桩排桩钢筋笼吊筋长度应根据地坪标高和设计桩顶标高计算确定,并固定牢靠;保护层厚度、桩径桩长、充盈系数及钢筋笼制作误差要求应满足设计要求。

5.3.6 灌注桩排桩外侧应设置隔水帷幕,隔水帷幕型式应根据基坑开挖深度、环境保护要求等因素选用。

5.3.7 当灌注桩排桩作为临时围护结构时,其施工质量检测应符合下列规定:

1 灌注桩成孔结束后,应对每根桩的成孔中心位置、孔深、孔径、垂直度、孔底沉渣厚度进行检测。

2 桩身混凝土抗压强度试块,每 50 m³ 混凝土不应少于 1 组,且每根桩不应少于 1 组,每台班不应少于 1 组,每组试块不应少于 3 块。

3 桩身完整性宜采用低应变动测法检测。低应变动测检测桩数不宜少于总桩数的 20%,且不应少于 5 根。当判定的桩身质量存在问题时,应采用钻孔取芯方法进一步验证桩身完整性及混凝土强度。

5.3.8 "桩墙合一"灌注桩排桩的施工质量检测除应符合第5.3.7条的规定外,尚应符合下列规定:

1 灌注桩成孔结束后,应全数对已成孔的中心位置、孔深、孔径、垂直度、孔底沉渣厚度进行检测,其中第三方检测数量不宜低于总桩数的10%;成孔的垂直度偏差不应大于1/200;桩端沉渣厚度不应大于100 mm;"桩墙合一"灌注桩施工宜采用旋挖成孔工艺。

2 桩身混凝土抗压强度试块与抗渗试块均应满足每50 m³混凝土不少于1组试块,且每台班不应少于1组试块,每组试块不应少于3块。

3 应采用低应变动测法检测桩身完整性,检测比例为100%;应采用声波透射法检测桩身混凝土质量,检测的围护桩数量不应低于总桩数的10%,且不应少于5根。

4 当根据声波透射法判定的桩身质量不合格时,应采用钻孔取芯法进行验证,钻孔取芯完成后应对芯孔进行注浆填充密实。

5 当对排桩的竖向承载力有要求时,宜对其进行静载荷试验检测,比例不宜低于1%,且不应少于3根。

6 挂网喷浆喷射混凝土试块数量应满足每300 m²取1组,每组试块不应少于3块;喷射混凝土厚度可通过凿孔检查。

5.3.9 灌注桩排桩的施工应符合现行上海市工程建设规范《钻孔灌注桩施工标准》DG/TJ 08—202的规定。

5.4 咬合桩

5.4.1 咬合桩施工宜采用硬法咬合的施工方法。

5.4.2 咬合桩施工前应通过试成孔确定合适的施工设备、工艺参数、成孔时间、取土面高度和混凝土的凝结时间。试成孔数量应根据工程规模和施工场地地层特点确定,且不应少于1组。

5.4.3 咬合式排桩施工前,应在桩顶上部沿咬合式排桩两侧先施工钢筋混凝土导墙。导墙应采用现浇钢筋混凝土结构,并应符合承载力及稳定性的要求。混凝土达到设计强度后,重型机械设备才能在导墙附近作业或停留。

5.4.4 用于咬合式排桩成孔的钢套管在使用前,应对其顺直度进行检查和校正,整根套管的顺直度偏差应小于1/500。

5.4.5 钢筋笼应整体制作,钢筋笼上预留的插筋、接驳器应符合安装精度要求。

5.4.6 钢筋笼吊放时,应采取限位措施,矩形钢筋笼或有预埋件的钢筋笼转角允许误差应为5°。

5.4.7 混凝土浇筑应及时拔套管,起拔量不应超过100 mm,保持混凝土高出套管底端2.5 m。混凝土浇筑过程中,套管应来回转动。

5.4.8 硬法咬合施工应符合下列规定:

1 Ⅰ序桩和Ⅱ序桩应间隔布置,应按 Ⅰ1→ Ⅰ2→ Ⅱ1→Ⅰ3→Ⅱ2→Ⅰ4→Ⅱ3→……的顺序组织咬合桩的施工(图5.4.8)。

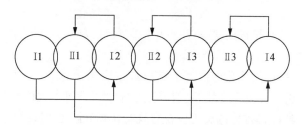

图5.4.8 咬合式排桩施工顺序

2 Ⅱ序桩应在相邻Ⅰ序桩混凝土终凝后切割成孔,Ⅰ序桩、Ⅱ序桩均应采用普通混凝土。

3 Ⅱ序桩切割的相邻两根Ⅰ序桩混凝土强度差值不宜大于3 MPa。

4 在承压含水层地层中进行施工时,应向套管内灌满水后方可进行后续施工。

5.4.9 咬合桩身混凝土质量应采用超声波透射法进行检测,检测数量不应少于总桩数的 5%,且不应少于 3 根。必要时,可采用钻孔取芯方法进行强度质量检测。

5.4.10 桩墙合一咬合式排桩的桩身完整性检测应采用声波透射法,检测数量不应低于总桩数的 10%,且不应少于 5 根;当根据声波透射法判定的桩身质量不合格时,应采取钻孔取芯方法进一步验证桩身完整性及混凝土强度。

5.4.11 咬合式排桩的施工应符合现行行业标准《咬合式排桩技术规程》JGJ/T 396 的相关规定。

5.5 型钢水泥土搅拌墙

5.5.1 型钢水泥土搅拌墙可采用多轴水泥土搅拌桩、渠式切割水泥土搅拌墙或铣削深搅水泥土搅拌墙内插型钢的形式。

5.5.2 型钢水泥土搅拌墙施工应根据地质条件、成桩或成墙深度、桩径或墙厚、型钢规格等技术参数,选用设备和配套机具,并应通过试成桩或试成墙确定施工工艺及各项施工技术参数。

5.5.3 型钢水泥土搅拌墙施工范围内应进行清障和场地平整,施工道路的地基承载力应符合成桩或成墙机械、起重机等重型机械安全作业和平稳移位的要求。等厚度水泥土搅拌墙施工宜设置导墙。

5.5.4 型钢水泥土搅拌墙施工时,施工机械的平面定位允许偏差不应大于 20 mm,垂直度允许偏差不应大于 1/250。铣削深搅水泥土搅拌墙墙深超过 40 m 时,垂直度允许偏差不应大于 1/500。

5.5.5 对环境保护要求高的基坑工程,采用多轴水泥土搅拌桩施工时,宜选择螺旋式或螺旋、叶片交互配置的搅拌钻杆,并应通过试成桩及施工过程中的实际监测效果,调整施工参数和施工部署。

5.5.6 型钢回收起拔应在水泥土搅拌墙与主体结构外墙之间的空隙回填密实后进行,型钢拔出留下的空隙应及时注浆填充。周边环境条件复杂、保护要求高的基坑工程,型钢不宜回收。

5.5.7 渠式切割水泥土搅拌墙的施工方法可采用一步施工法、两步施工法和三步施工法,施工方法的选用应综合考虑土质条件、墙体性能、墙体深度和环境保护要求等因素。

5.5.8 采用铣削深搅水泥土搅拌墙时,应连续施工,新成型墙体与已成型墙体搭接不应小于 300 mm;转角部位搭接长度不应小于最小墙体厚度。

5.5.9 水泥土搅拌墙的强度达到设计要求后,方可进行基坑开挖。水泥土搅拌墙的强度应采用钻取芯样强度试验确定,也可采用浆液试块强度试验确定。

5.5.10 型钢水泥土搅拌墙的施工应符合现行行业标准《型钢水泥土搅拌墙技术规程》JGJ/T 199 的规定。采用等厚度水泥土搅拌墙形成的型钢水泥土搅拌墙,其施工应符合现行行业标准《渠式切割水泥土连续墙技术规程》JGJ/T 303 和现行上海市工程建设规范《等厚度水泥土搅拌墙技术规程》DG/TJ 08—2248 的规定。

6 竖向支承桩柱施工

6.1 一般规定

6.1.1 竖向支承桩柱施工前应进行下列准备工作：

1 清除障碍物及场地平整工作。

2 完成混凝土硬地坪施工。

3 选择合适的支承桩施工机械与施工工艺。

4 明确支承柱加工、连接、支承柱插入支承桩方式、调垂和测垂工艺。

6.1.2 竖向支承桩柱的施工场地应符合下列规定：

1 施工场地宜设置硬地坪，硬地坪厚度宜为 150 mm～200 mm，混凝土强度等级不应低于 C20；当需要行走大型吊机时，宜配置钢筋，并应满足固定支承柱调垂装置的要求。

2 单桩施工作业范围内平整度偏差不宜大于 10 mm。

3 地基应满足承载力与变形的控制要求。

6.1.3 竖向支承桩桩位测量及定位应符合下列规定：

1 施工前应复核测量基准点、水准点及建筑物的基准线，并采取保护措施。

2 桩位放样定位时，宜在硬地坪上敲入钢钉，并用红漆标记定位三角，标明桩号。

3 控制点、水准点等测量标志均应做好保护工作，并做好醒目标记和记录。

4 支承桩柱的中心定位允许偏差不应大于 10 mm。

6.1.4 竖向支承柱结构可采用钢格构柱、钢管混凝土柱、型钢柱等型式,针对不同型式应采取相应的施工工艺。

6.1.5 竖向支承柱垂直度偏差应满足设计要求,且不应大于1/300;支承柱定位偏差不应大于10 mm;格构柱和H型钢柱截面中轴线应与结构柱网方向一致,其转向允许偏差不应大于5°。

6.1.6 支承柱插入支承桩的深度应满足设计要求,且应符合下列规定:

    1 带栓钉钢管混凝土支承柱插入深度不应小于4倍钢管外径,且不应小于2.5 m。

    2 未设置栓钉等抗剪措施的钢管混凝土支承柱,插入深度不应小于6倍钢管外径,且不应小于3 m。

    3 格构柱和H型钢柱插入深度不应小于3 m。

6.1.7 竖向支承桩施工应根据土质条件、环境保护要求,通过试成孔来选择合适的成桩工艺及机械,试成孔数量不宜少于2个。

6.2 竖向支承桩施工

6.2.1 当竖向支承桩桩端位于砂土层中且采用回转钻机施工时,宜选择反循环成孔与清孔工艺。

6.2.2 竖向支承桩桩身范围内存在深厚的粉性土、砂土层时,成孔施工中宜采用膨润土泥浆护壁,并应结合除砂器除砂,清孔时应同时检测泥浆比重、黏度、含砂率等泥浆指标。

6.2.3 竖向支承桩成孔过程中应采取措施控制成孔垂直度,成孔结束后应检查成孔垂直度和孔底沉渣。成孔垂直度偏差不应大于1/200,沉渣厚度应满足设计要求且不应大于50 mm。

6.2.4 竖向支承桩的钢筋笼与支承柱之间的中心偏差应根据桩和柱的垂直度偏差控制要求以及相关构造要求综合确定,且不应小于150 mm。

6.2.5 当支承桩采用旋挖扩底工艺时,在扩底切削前应确认扩底钻斗的扩幅形状达到设计要求,扩底切削过程宜配置监视扩幅切削状态的装置。

6.2.6 当支承桩采用桩端后注浆工艺时,应根据桩端地层情况选用合适的桩端注浆器,注浆管数量、注浆量和注浆压力应符合设计要求。

6.2.7 竖向支承桩的施工应符合现行上海市工程建设规范《地基基础设计标准》DGJ 08—11 和《钻孔灌注桩施工标准》DG/TJ 08—202 的规定。

6.3 竖向支承柱施工

6.3.1 竖向支承柱宜在工厂制作,可分节制作、现场水平拼接。现场水平拼接时,应采取措施确保竖向支承柱的平直度及精度。

6.3.2 竖向支承柱插入方式可采用先插法或后插法,可结合支承柱类型、施工机械设备及垂直度要求等综合因素确定。

6.3.3 竖向支承柱采用先插法施工时,应符合下列规定:

1 支承柱安插到位,调垂至设计垂直度控制要求后,应采取措施在孔口固定牢靠。

2 用于固定导管的混凝土浇筑架宜与调垂架分开,导管应居中放置,并控制混凝土的浇筑速度,确保混凝土均匀上升。

3 钢管内混凝土的强度等级不低于 C50 时,宜采用高流态、无收缩、自密实混凝土。

4 钢管混凝土支承柱内的混凝土应与支承桩的混凝土连续浇筑完成。

5 钢管混凝土支承柱内混凝土与支承桩身混凝土采用不同强度等级时,施工时,应控制其交界面处于低强度等级混凝土一侧;支承柱外部混凝土的上升高度应符合现行上海市工程建设规范《钻孔灌注桩施工标准》DG/TJ 08—202 的相关要求。

6 浇筑钢管内混凝土过程中,应于钢管柱外侧均匀回填碎石和砂,分次回填至自然地面。

7 利用预先埋设的注浆管分批次对已回填的支承桩桩孔进行填充注浆,水泥浆注入量不应小于回填体积的20%。

6.3.4 竖向支承柱采用后插法施工时,应满足下列规定:

1 支承桩混凝土宜采用缓凝混凝土,应具有良好的流动性,缓凝时间应根据施工操作流程综合确定,且初凝时间不宜小于36 h,粗骨料宜采用5 mm~25 mm连续级配的碎石。

2 应根据施工条件选择合适的插放装置和定位调垂架。

3 应控制竖向支承柱起吊时的变形和挠曲,插放过程中应及时调垂,符合设计垂直度要求。

4 钢管柱底部需加工成锥台形,锥形中心应与钢管柱中心对应。

5 钢管柱插放、调垂到位后,应复核桩位中心与钢管柱中心是否吻合,并牢靠固定。

6 钢管内混凝土的强度等级不低于C50时,宜采用高流态、无收缩、自密实混凝土。

7 钢管内混凝土浇筑完成后,应对钢管柱外侧均匀回填碎石和砂至自然地面。

8 利用预先埋设的注浆管对已回填的支承桩桩孔进行填充注浆,水泥浆注入量不应小于回填体积的20%。

6.3.5 竖向支承柱吊放应采用专用吊具,起吊吊点数量和位置应通过计算确定,起吊变形应满足垂直度偏差控制要求。

6.3.6 竖向支承柱在施工过程中应采用专用调垂装置控制定位、垂直度和转向偏差。调垂装置安装应满足支承柱调垂过程中的精度要求,竖向支承柱宜接长高出地面,高出长度应根据调垂装置需要确定。

6.3.7 竖向支承柱安装精度的控制应考虑下列因素:

1 竖向支承桩的垂直度和孔径偏差。

2 分节制作时拼接的精度。

3 调垂装置的调垂误差。

4 混凝土浇注及支承柱四周回填不均匀等因素引起的误差。

6.3.8 竖向支承桩柱混凝土浇筑完成后,应待混凝土终凝后方可移动调垂固定装置,并应在孔口位置对支承柱采取固定保护措施。

6.4 检 测

6.4.1 竖向支承柱采用钢管混凝土柱时,应通过钢管混凝土柱的试充填试验确定合适的调垂、测垂及混凝土浇筑工艺,钢管混凝土柱试充填试验数量不宜少于 2 根。

6.4.2 支承柱施工时,应对就位后的支承柱全数进行垂直度检测;基坑开挖后,应对暴露出来的支承柱全数进行垂直度复测。

6.4.3 支承柱采用钢管混凝土柱时,应采用超声波透射法对支承柱进行基坑开挖前的质量检测,检测数量不应少于支承柱总数的 50%;当发现有缺陷时,应采用钻芯法对支承柱混凝土质量进一步检测。基坑开挖后,应采用敲击法全数检测支承柱质量。

6.4.4 支承桩应全数进行成孔检测,内容包括成孔的中心位置、孔深、孔径、垂直度、孔底沉渣厚度,并应采用超声波透射法检测桩身混凝土质量,检测比例不少于 50%;超声波管与注浆管宜分开设置,共用时应采用钢管。

6.4.5 工程地质条件复杂、上下同步逆作法工程、逆作阶段承载力和变形控制要求高的竖向支承桩,应采用静载荷试验对支承桩单桩竖向承载力进行检测,检测数量不应少于 1%,且不应少于 3 根。

7 先期地下结构施工

7.1 一般规定

7.1.1 先期地下结构施工时,应预留后期地下结构所需要的施工措施和连接构造。

7.1.2 先期地下结构施工前,应结合地下结构开口布置、逆作阶段受力和施工要求预留孔洞;施工时,应预留后期地下结构所需要的钢筋或钢筋接驳器、埋件以及混凝土浇捣孔。

7.1.3 逆作施工平台层的场地布置应结合各类施工机械运行通道和作业区域、材料堆放、加工场地以及排水的施工组织要求确定。

7.1.4 先期地下结构施工前,应确定取土口、材料运输口、进出通风口及其他预留孔洞。预留孔洞的周边应设置防护栏杆,其平面布置应综合下列因素确定:

 1 应结合施工部署、行车路线、先期地下结构分区、上部结构施工平面布置确定。

 2 预留孔洞大小和间距应结合挖土设备作业、施工机具及材料运转确定。

 3 取土口留设时,宜结合主体结构的楼梯间、电梯井等结构开口部位进行布置;在符合结构受力情况下,应加大取土口的面积。

 4 不宜设置在结构边跨位置。

 5 不宜设置在结构标高变化处。

7.1.5 先期地下结构施工前,应进行下列准备工作:

1 复核测量基准线、水准基点,并在施工中进行保护。

2 布置场地内的道路、供电、供水、消防、排水系统。

3 确定场地的平面布置。

4 完成围护、地基加固、降水等前道工序。

5 地下室的设计图纸已完善并具备施工条件。

7.1.6 先期地下结构设计、施工及验收应符合现行国家标准《混凝土结构设计规范》GB 50010 和《混凝土结构工程施工质量验收规范》GB 50204 的相关规定。

7.2 模板工程施工

7.2.1 模板工程应进行专项设计并编制施工方案。地下水平结构的模板应根据水平结构型式和荷载大小、地基土类别、施工设备和材料供应等因素确定。

7.2.2 地下水平结构模板形式宜采用排架模板及垂吊模板;在土质较好的条件下,可采用土胎模加木模板的形式,土胎模应进行计算。模板施工时,应符合下列规定:

1 排架支撑模板的排架高度宜为 1.2 m～1.8 m,采用盆式开挖时,周边留坡体斜面应修筑成台阶状,且台阶边缘与支承柱间距不宜小于 500 mm。

2 采用垂吊模板时,吊具须检验合格,吊设装置应符合相应的荷载要求,垂吊装置应具备安全自锁功能。

3 采用土胎模时,应在垫层浇筑后铺设模板系统。

4 对于跨度不小于 4 m 的钢筋混凝土梁板结构,模板应按设计要求起拱;当设计未作要求时,起拱高度宜为跨度的 1/1 000～3/1 000,并应根据垫层和土质条件综合确定。

7.2.3 采用排架模板及土胎模施工时,均应设置垫层,垫层厚度不宜小于 100 mm,混凝土强度等级宜采用 C20。当垫层下地基承载力和变形不符合支模要求时,应预先对地基进行加固处理。

7.2.4 采用排架模板或土胎模时,下层土方开挖之前应先拆除排架,并破除垫层。

7.2.5 地下水平结构施工前应预先考虑后期结构的施工方法,并应采取下列技术措施:

    1 框架柱的四周或中间应预留混凝土浇捣孔,浇捣孔孔径大小宜为 100 mm～220 mm,每个框架柱浇捣孔数量不应少于 2 个,应呈对角布置,且应避让框架梁。

    2 剪力墙侧边或中间应预留混凝土浇捣孔,浇捣孔宜沿剪力墙纵向按 1 200 mm～2 000 mm 间距均匀布置。

    3 后期结构的混凝土浇捣孔宜使用带波纹的 PVC 管进行预留。

    4 柱、墙水平施工缝宜距梁底或板底下不小于 300 mm。

7.3 钢筋混凝土结构施工

7.3.1 钢筋混凝土工程的原材料、加工、连接、安装和验收,应符合现行国家标准《混凝土结构工程施工质量验收规范》GB 50204 的有关规定。

7.3.2 每批次混凝土浇筑时,应留设相应的拆模混凝土试块。

7.3.3 混凝土浇筑过程中,应设专人对模板支架、钢筋、预埋件和预留孔洞的变形、移位进行观测。

7.3.4 先期与后期地下水平向及竖向结构之间施工缝的留设应符合下列规定:

    1 施工缝的留设应结合设计要求和后期地下结构施工便利性要求综合确定。

    2 对有防水要求的地下结构,应根据主体结构防水要求采取防水措施。

    3 在有防水要求的地下室顶板上预留浇捣孔时,应根据设计要求采取相应的防水构造措施。

4 柱墙竖向受力钢筋接头宜相互错开；无法错开时，应预留Ⅰ级机械接头。

5 预留孔洞周边的结构梁板钢筋宜伸出 300 mm，梁预留筋应留设Ⅰ级机械接头。

7.3.5 先期地下结构施工时，应对长期暴露在外部的预留钢筋采取防碰撞和防锈蚀的保护措施。

7.4 钢与混凝土组合结构施工

7.4.1 先期地下结构采用钢结构或钢与混凝土组合结构时，应在先期地下结构楼板上预留下层钢结构吊装用埋件，并考虑钢结构吊装设备的作业空间。

7.4.2 竖向支承柱施工前，应先确定钢结构的制作工艺和连接方法，并深化设计钢结构构造节点。

7.4.3 在先期地下结构施工中，界面层以下需连接在支承柱上的钢构件应通过预留孔洞进行垂直运输，并在施工层水平运输至安装位置进行连接，严禁出现在地面拖拉的现象。

7.4.4 钢构件之间连接宜采用可以调节的节点形式，并宜预留调整空间。钢构件连接前宜先进行预拼装。

8 后期地下结构施工

8.1 一般规定

8.1.1 后期地下结构施工前,应对与先期结构连接的接缝部位进行清理,并应对预留的钢筋、机械接头、浇捣孔等进行整修。

8.1.2 后期地下结构施工需拆除先期结构预留孔洞范围内的临时水平支撑时,应按照设计工况在可靠换撑形成后进行;当有多层临时水平支撑时,应自下而上逐层换撑、逐层拆撑;临时支撑拆除时,应注意对先期结构的保护,监测影响区域结构的变形及内力,并预先制定应急预案。

8.1.3 临时竖向支承柱的拆除应在后期竖向结构施工完成并达到竖向荷载转换条件后进行,并应按自上而下的顺序拆除;拆除时,应监测相应区域结构变形,并应预先制定应急预案。

8.1.4 后期结构施工前,应对先期地下结构的轴线、构件平面位置及标高进行复核。

8.1.5 后期地下结构施工前,应根据施工图和现场施工条件,制定先期与后期结构接缝处理、临时竖向支承柱和临时水平支撑等构件拆除以及后期地下水平和竖向结构的专项施工方案。

8.1.6 后期结构施工要求应符合现行国家标准《混凝土结构工程施工质量验收规范》GB 50204 的规定。

8.2 钢筋施工

8.2.1 上一层柱与下一层梁板钢筋宜同时绑扎。

8.2.2 结构柱和墙的主筋应在先期构件中预留,后期结构施工时,与先期结构连接部位钢筋连接方式宜采用机械连接或焊接。

8.2.3 后期竖向结构插筋接头应按设计及规范要求错开设置;当无法错开时,应采用Ⅰ级机械连接接头。

8.2.4 对不同钢筋接头形式,应进行隐蔽工程验收;机械接头或焊接接头试件中,宜部分采用现场取样形式。现场取样数量不应少于总检测数的10%,且不少于2组。

8.2.5 先期结构预埋钢筋时,应将暴露在外部的钢筋进行防锈及防腐保护。后期结构施工前,应对预埋钢筋进行检查。预埋钢筋损坏缺失时,应按设计要求补强。

8.3 模板工程施工

8.3.1 采用顶置浇捣孔施工后期结构时,宜在柱、墙的侧上方楼板上或柱、墙中心留孔,柱、墙模板顶部宜设置坡形口,并应与浇捣孔位置对应。喇叭口混凝土浇筑面的高度宜高于施工缝标高300 mm以上。

8.3.2 逆作法柱、墙模板施工中,模板体系应考虑逆作法施工特点进行加工与制作。模板预留洞、预埋件的位置应按图纸准确留设。

8.3.3 当一次混凝土浇筑高度超过4 m时,宜在模板侧面增加振捣孔或分段施工。

8.4 混凝土施工

8.4.1 逆作法后期结构施工宜采用高流态低收缩混凝土,混凝土配合比应根据逆作法特点配置,浇捣前,应对混凝土配合比及浇筑工艺进行现场试验。混凝土在现场应做好坍落度试验,并应制作抗压抗渗试块及同条件养护试块。

8.4.2 后期结构混凝土浇筑宜通过浇捣孔用振动棒对竖向结构混凝土进行内部振捣,不宜直接振捣部位应在外侧使用挂壁式振捣器组合振捣;钢筋密集处应加强振捣,分区分界交接处宜向外延伸振捣范围不小于 500 mm;结合面处应进行凿毛处理。

8.4.3 采用劲性构件的后期结构,应在水平钢板位置设排气孔,预留孔应采取等强加固措施。支承柱外包混凝土施工时,应将钢结构表面清理干净,确保外包混凝土与支承柱的连接密实。

8.4.4 采用预制构件施工后期结构时,宜比相邻结构提高一个级配。

8.5 接缝处理

8.5.1 后期地下竖向结构施工应采取措施保证水平接缝混凝土浇筑的质量,应结合工程情况采取超灌法、注浆法或灌浆法等接缝处理方式。

8.5.2 采用超灌法时,竖向结构混凝土宜采用高流态低收缩混凝土,也可采用自密实混凝土。浇筑混凝土液面应高出接缝标高不小于 300 mm。

8.5.3 采用注浆法时,待后期竖向结构施工完成后,采用注浆料通过预先设置的通道对水平接缝进行处理,宜采用微膨胀注浆材料。灌浆料强度宜高于原结构一个等级。注浆管间距宜控制在 600 mm 左右。

8.5.4 注浆宜选用以下两种方法:

1 在接缝部位预埋专用注浆管,混凝土初凝后,通过专用注浆管注浆。

2 未预留注浆管时,混凝土强度达到设计值后,在接缝部位用钻头引孔。安装有单向功能的注浆针头,进行定点注浆。

8.5.5 采用灌浆法时,水平接缝处应预留不小于 50 mm 的间距,采用高于原结构混凝土强度等级的灌浆料填充。采用的模板应密封严密,与上、下结构搭接长度不应小于 100 mm,灌浆口应与出浆口对应布置,并沿灌浆方向单向施工。

8.5.6 逆作法接缝质量检查的方式可用目测法、注水试验或施工缝垂直取芯法。

8.6 后期结构预制构件施工

8.6.1 后期结构采用预制构件时,应对预制构件的吊装、连接等进行施工过程复核。

8.6.2 预制梁与周边结构主梁的连接应满足建筑结构的承载力、变形和耐久性的控制要求。

8.6.3 预制板应与预制梁及周边结构主梁可靠连接,对于地下室顶板,还应满足结构防水要求。

8.6.4 后期结构预制构件施工除满足本节要求外,尚应经主体结构设计单位确认,并符合现行行业标准《装配式混凝土结构技术规程》JGJ 1 的相关规定。

9 上下同步逆作法施工

9.1 一般规定

9.1.1 采用上下同步逆作法的建筑工程,其施工流程应符合下列规定:

1 当地上结构为纯框架时,上部结构应在界面层施工完成后方可施工。

2 当地上结构存在剪力墙或筒体时,上部结构宜在包含界面层楼板在内的两层地下水平结构施工完成后方可施工。

9.1.2 逆作施工平台层宜设置于地下室顶板,并可利用地下一层板作为辅助施工平台,其场地平面及净空应符合逆作施工期间土方及材料的水平和竖向运输、钢结构吊装以及现场混凝土浇筑的施工作业要求。

9.1.3 上下同步逆作法的工程,应选择平面刚度大、传力可靠的地下水平结构层作为界面层;当围护体满足悬臂工况的强度和变形要求时,也可采用地下一层作为界面层。

9.1.4 上下同步逆作法工程应预先确定有针对性的设计与施工技术措施,且应包括下列主要内容:

1 结合主体结构确定合理的同步施工工况下竖向支承结构和托换结构体系。

2 选择合适的上下同步施工界面层及上下同步施工流程。

3 确定适用于上下同步施工工况的场地布置和机械配置。

4 选择受力明确、施工方便且与主体结构构件结合良好的施工阶段临时构件和节点形式。

9.1.5 上下同步逆作法施工时,应对上下同步逆作区域内的竖向支承桩柱进行变形监测,对关键托换结构进行内力和变形监测。

9.2 施工阶段设计

9.2.1 采用上下同步逆作法的建筑工程,应根据上下结构同步施工的流程和工况进行整体分析。整体分析计算应符合下列规定:

1 整体计算模型应反映逆作期间的竖向支承柱、先期地下结构以及同步向上施工的上部结构的实际工况及约束条件。

2 应针对地上地下结构同步施工的各典型工况,施加相应的水平和竖向荷载进行模拟分析。

3 上下同步施工阶段的相关结构构件应按正常使用阶段和施工阶段进行全工况包络设计。

9.2.2 施工工况模拟计算中应考虑下列荷载和作用:

1 施工平台层楼面的施工荷载取值不应小于 10 kN/m²。车辆运输通道的施工荷载应按实际取值,且不宜小于 25 kN/m²。

2 其余各层楼面施工活载应按实际考虑,取值不应小于 1.5 kN/m²。

3 外挂脚手架重量按实际考虑,取值不应小于 1.5 kN/m²,作业层取值不应小于 2.0 kN/m²。

4 向上施工层数较多的上下同步逆作法工程应进行风荷载与地震作用的验算。

5 对于超长结构,宜考虑温度变化和材料收缩的影响。

9.2.3 对于向上施工层数较多的上下同步逆作法工程,风荷载及地震作用验算应符合下列规定:

1 施工阶段风荷载取值可按现行国家标准《建筑结构荷载规范》GB 50009 的相关规定执行,基本风压可按 10 年重现期取值,迎风面按实际工况考虑。

2 施工阶段地震作用可按现行国家标准《建筑抗震设计规

范》GB 50011 的相关规定执行,地震作用可按 10 年一遇地震取值,相关构件的抗震等级不宜小于四级。

9.2.4 上下同步逆作法工程的竖向支承柱设计应符合下列规定:

1 框架柱部位宜原位设置支承柱;向上同步施工层数较多时,宜采用钢管混凝土柱或双轴惯性矩接近的型钢柱作为支承柱。

2 剪力墙部位宜在墙下对中设置托换支承柱。

3 非柱下或非墙下设置的临时支承柱应在界面层设置托换构件。

9.2.5 上下同步逆作法工程中,托换剪力墙或筒体的竖向支承柱设计应符合下列规定:

1 托换支承柱宜采用格构柱。

2 当剪力墙厚度大于支承柱截面尺寸 300 mm 以上且支承柱定位精度有保证时,置于墙内的支承柱可采用钢管混凝土柱或型钢柱。

3 当地上结构采用钢骨混凝土剪力墙时,支承柱宜尽量结合墙内钢骨设置;当支承柱钢材部分传力可靠时,可等强替代钢筋。

4 支承柱布置应方便剪力墙钢筋施工。

9.2.6 当采用一柱多桩的托换型式时,应符合下列规定:

1 可在界面层设置托换梁,界面层以下的地下各层水平结构应对临时支承柱进行双向约束。

2 托换梁应与上部框架柱截面中线重合,梁高应根据计算确定并不宜小于跨度的 1/8,托换梁宽宜大于上部框架柱和支承柱宽。

3 托换梁宜与主体框架梁结合布置。

4 临时托换支承柱宜对称分批拆除。

9.2.7 剪力墙或筒体的托换设计可在界面层设置转换梁;当支承柱与墙内钢骨相结合时,也可在柱间逐层设置钢系梁以替代转换

梁。当采用界面层转换梁时,应符合下列规定:

1 界面层以下的地下各层水平结构应对支承柱进行双向约束。

2 托换梁高度不宜小于支承柱间跨度的 1/8。

3 对于向上施工楼层较多的剪力墙或筒体下的托换支承柱,宜设置柱间支撑。

4 当支承柱在剪力墙或筒体外对称设置时,应设置临时托换梁,托换梁宽度应大于支承柱宽度,且支承柱边缘至托换梁边缘的距离不得小于 50 mm;临时托换梁应在相关部位地下结构施工完成并达到设计强度后方可拆除。

9.3 施工与控制

9.3.1 取土口的设置除应符合本标准第 7.1.4 条的规定外,还应符合下列规定:

1 取土口的设置宜避开上部结构范围,可利用上部结构周边退界区域或者中庭等大空间部位作为取土口使用。

2 逆作施工平台层以上的楼层净空应符合垂直取土设备的操作要求;必要时,在取土口上方采取上部局部结构后施工的措施。

3 应充分考虑挖土行车路线对上部结构施工的影响,合理安排分区域施工。

9.3.2 地上、地下结构同步施工时,应对施工平台层的框架柱、剪力墙等竖向结构采取防止施工作业机械碰撞的防护措施。

9.3.3 界面层以下的后期框架柱与剪力墙施工时,应在先期与后期的水平施工缝中预埋注浆管,并采用注浆法进行接缝处理。

10 基坑降水

10.1 一般规定

10.1.1 降水管井顶不应设置在地下室顶板上,不宜设置在逆作施工平台层上,当地下一层楼板完成后,宜将降水管井顶设置在地下一层楼板面上方,减压降水井顶标高应高于初始承压水位0.5 m～1.0 m。

10.1.2 降水管井的位置应避开桩基、立柱、支撑、结构梁、墙,且应尽量靠近立柱和围护墙,给土方开挖以更大的作业空间。

10.1.3 降水井管应采用钢质材料。

10.1.4 基坑降水运营过程中,应进行坑内和坑外水位的监测。

10.1.5 逆作基坑降水应符合现行上海市工程建设规范《基坑工程技术标准》DG/TJ 08—61 的规定。

10.2 疏干降水

10.2.1 对于采用排架或土胎膜加木模板施工的逆作基坑,疏干井的布置数量宜大于明挖法基坑,增加井点数量不少于10%。

10.2.2 逆作基坑首层土开挖前,疏干井预降水的时间不宜少于20 d,疏干井的抽水量与对应区域土方给水量之比不宜小于80%。

10.2.3 真空降水疏干管井应满足下列要求:

    1 井管壁厚不应小于4 mm。

    2 井口应密闭,并与真空泵吸气管相连。

3 应对开挖后暴露的过滤器采取有效密闭措施。

4 降水过程中,井管内真空度不应小于 65 kPa。

5 不应逐段向下割除井管。

10.2.4 逆作基坑首层土采用盆式开挖时,对周边设置的临时边坡可采用轻型井点或喷射井点进行疏干降水。

10.2.5 轻型井点与喷射井点的施工应满足下列要求:

1 抽水阶段的真空度不应小于 65 kPa,每根井点管与总管连接处及每根井点管周围不应漏水、漏气。

2 抽水阶段的循环水应保持清澈;如出现水质浑浊,应及时更换。

3 单套井点的抽水量不应小于单套井点的设计流量。

10.3 减压降水

10.3.1 对未进行专项工程水文地质勘察的项目,降水设计之前应进行现场抽水试验,查明单井涌水量、单位涌水量、含水层的水文地质参数。

10.3.2 专项减压降水设计应编制减压降水运营方案,综合考虑基坑减压需求、场地工程水文地质条件及基坑周边环境保护要求。基坑开挖前,应进行减压降水的群井验证试验。

10.3.3 逆作基坑减压降水井应符合下列要求:

1 井管壁厚不应小于 6 mm。

2 泥球充填高度不应小于 7 m。

3 备用井数量不应少于所需减压降水井数量的 25%。

10.3.4 减压降水管井应满足下列要求:

1 成孔施工中的泥浆比重不宜大于 1.15,井管安装阶段的泥浆比重不宜大于 1.10,填砾阶段的泥浆比重不宜大于 1.05。

2 成孔垂直度偏差不应大于 1/100。

3 应联合采用活塞洗井和空压机洗井。

4 达到设计降深时的管井出水量不应小于管井的设计流量,在同一水文地质单元内结构基本相同的管井的出水量应相近。

10.3.5 基坑开挖至临界深度前,应完成双路独立电源和自动切换装置的配置,降水运营期间,应定期演练。

10.3.6 降水井运行结束后,应采取有效的封闭措施。

11 基坑开挖

11.1 一般规定

11.1.1 基坑开挖前,应编制挖、运土专项施工方案。方案中应包括下列内容:

    1 工程概况。

    2 开挖的分层分块情况、挖土流程与开挖方法。

    3 取土口留设位置及逆作施工平台层的加固区域。

    4 施工车辆及施工机械的行走路线。

    5 明确开挖与结构施工及养护时间关系。

    6 保护竖向支承结构的措施。

    7 各分块开挖的时间进度要求。

    8 施工机械的规格、数量、工效分析与劳动力的配置。

    9 落实卸土场地及出土运输条件。

    10 质量、安全、文明与环境保护措施。

    11 施工监测与应急预案。

11.1.2 基坑挖、运施工方案应根据工程的地质水文条件、环境保护要求、场地条件、基坑的平面尺寸、开挖深度、施工的方法等因素综合制定,临水基坑尚应考虑水位和潮位等因素。

11.1.3 基坑每一层土开挖前,应对开挖条件进行验收。开挖验收条件应包括下列内容:

    1 开挖下层土方时,上层混凝土结构梁板强度达到设计要求。

    2 临时支护体系安装验收完毕。

3 相邻竖向支承柱之间、竖向支承柱与围护结构之间的差异沉降控制在设计要求范围内。

4 基坑疏干降水水位降至开挖面 500 mm 以下,承压水降压水头标高满足开挖面抗承压水突涌稳定性的要求。

5 地下通风、换气、照明和用电设施配置完备。

6 机械设备的配备要与逆作土方开挖相配套。

11.2 取土口设置

11.2.1 逆作法施工时,地下结构楼板中宜设置一定数量的取土口。取土口的布置应遵循下列原则:

1 取土口设置的数量、间距应根据开挖分区、挖土量、挖土工期、基坑平面形状确定,取土口间水平净距不宜超过 30 m。

2 取土口宜结合楼梯间、电梯井、地下车库坡道等结构预留洞口进行布置。

3 取土口的位置宜设置在各挖土分区的中部位置,且不宜紧贴基坑的围护结构。

4 取土口的布置应符合挖土分块流水的需要,每个流水分块应至少布置 1 个;当底板土方采用抽条开挖时,应符合抽条开挖时的出土要求。

5 取土口的平面尺寸应符合挖土机械和施工材料垂直运输的作业要求。

6 地下各层楼板与顶板洞口位置宜上下相对应。

7 取土口位置应考虑场地内部交通畅通并能与外部道路形成较好的连接。

11.2.2 取土口构造上应采取下列措施:

1 应在取土口边缘应设置防护上翻梁,其截面尺寸可取宽 200 mm×高 300 mm。

2 应在逆作施工平台层设置合理的集水排水系统,雨水不应回流至基坑内。

3 预留洞口四周宜设置挡水槛;对长时间使用的洞口,宜采取有效的避雨措施。

4 结构楼板临时开洞作为取土口时,洞口预留钢筋接头宜采用机械连接;采用同断面机械连接时,应采用Ⅰ级接头,接头外伸长度不宜超过 300 mm,且应采取保护措施。

5 有防水要求的部位,取土口结构施工缝位置应采取防水措施。

11.3 土方开挖及运输

11.3.1 土方开挖应根据基坑形状、周边环境条件及取土条件等因素,采取分区、分块的挖土方式,并及时形成水平结构或支撑。

11.3.2 应合理划分各层开挖分块大小,开挖分块划分应综合考虑施工流水及设置结构施工缝的要求。

11.3.3 土方开挖应充分利用机械化挖土,应根据基坑土质条件、平面形状、开挖深度、挖土方法、施工进度、挖机作业空间的限制等因素,选择噪声小、效率高、废气排放少的挖土设备。

11.3.4 大面积深基坑的开挖宜采用盆式挖土,盆边土的留设形式应符合围护设计工况要求;盆边土宜采用抽条形式开挖。抽条宽度应符合设计要求。

11.3.5 逆作法基坑土方开挖尚应符合下列规定:

1 应根据边坡稳定性验算确定放坡开挖的坡度及坡高。

2 挖土时,应对竖向支承柱采取保护措施,竖向支承柱两侧土方高差不应大于 1.5 m。

3 土方开挖应符合基坑设计开挖工况,严禁超挖。

4 除垂吊模板外,应及时拆除并清理结构楼板施工的模板及支撑体系。

5 应严格保护降水井、预留插筋及监测元件等。

11.3.6 土方开挖到标高后,应及时浇捣混凝土垫层,单块土体暴露面积不宜大于 200 m²,基底下土方不应超挖与扰动。

11.3.7 逆作挖土取土口位置宜设置集土坑,集土坑不宜设置在基坑周边,集土坑深度不宜超过 1.5 m。

11.3.8 基坑土方开挖时,可采取下列措施减少其对周围环境的影响:

1 有环境保护要求侧的取土口与基坑边距离宜大于 1 倍取土口边长,且宜大于 1.5 倍~2 倍的单层土方开挖深度。

2 宜先开挖周边环境保护要求较低的一侧土方,再开挖环境保护要求高的一侧土方。

3 应根据基坑平面形状特点采取分块开挖,分块大小和开挖顺序应根据基坑环境保护要求、场地条件、结构施工缝位置等因素确定,并结合开挖顺序及时分块形成垫层或水平结构,缩短基坑无支撑暴露时间。

4 基坑与被保护对象之间的地表超载不得超过设计规定。

11.3.9 应在施工平台层明确各区域的施工荷载限值,并采取隔断的方式进行平面布置,各区域荷载不得超过设计要求。

11.3.10 在逆作施工平台层垂直取土时,可选长臂挖机、伸缩臂挖机、抓斗、吊机、升降机、传输带等设备进行作业。当采用上下同步逆作法时,施工平台层上应为垂直取土机械留设足够的作业空间。

12 预制板盖挖法施工

12.0.1 盖挖法的盖板结构可采用临时预制板或永久结构顶板。采用永久结构顶板覆盖的盖挖法工程,应分别按本标准其他章节的有关规定执行。

12.0.2 预制板盖挖法施工方案应结合场地内的运输路线、开孔留洞等场地布置方案制定。

12.0.3 预制盖板宜采用钢盖板、钢-混凝土组合盖板或钢筋混凝土盖板等,其设计施工应遵循标准化、模数化、低造价、可重复利用等原则。

12.0.4 钢盖板宜采用纯钢结构板、格栅板或型钢拼接的盖板;钢-混凝土组合盖板宜采用在钢板槽里浇筑混凝土形成的盖板结构。基坑面积较小或局部盖挖的情况下,可采用永久结构作为盖板。

12.0.5 盖板铺设应严格控制相邻盖板间高差,相邻高差应小于3 mm。

12.0.6 盖板路面应满足美观、平整和汽车行驶的舒适性要求,同时抗疲劳性和面层耐磨性应满足施工车辆通行要求。路面对社会开放时,应满足公路规范中高级路面等级要求。临时路面的平整度、减震、防滑应满足现行行业标准《公路工程质量检验评定标准(土建工程)》JTG F80/1 的规定。

12.0.7 盖板路面的形式宜根据具体情况选择。当有预留面层槽时,宜选择沥青、水泥混凝土面层;当采用钢面板直接作为路面时,宜采用涂抹聚酯材料混合砂粒的面层如沥青混合砂粒面层,或将钢面板刻划防滑条纹作为面层防滑。

12.0.8 盖板梁宜采用装配式型钢梁。型钢梁应满足标准化、承载能力和平整度要求。

12.0.9 盖板梁采用钢筋混凝土梁时,可兼作首道支撑,平面布置应同时满足盖板梁和支撑的要求。

12.0.10 盖板梁在最大设计载荷下的挠度应小于跨度的 1/500。

12.0.11 混凝土盖板宜在预制板件和纵梁的连接处设置橡胶垫板,在盖板横向连接缝处采用混有橡胶粒的塑性沥青填料;钢盖板及钢-混凝土组合盖板宜在钢板与钢板接缝处、钢板与纵梁连接处设置橡胶垫料,在盖板上铺设防水材料和沥青混合材料。

12.0.12 相邻盖板的连接宜通过盖板连接处预留孔洞或卡槽用螺栓等构件进行锚固连接。

12.0.13 作为临时路面的盖板体系应满足排水和防水要求。

12.0.14 钢盖板的接缝处防水宜符合下列要求:

　1 钢盖板纵向接缝连接处宜采用限位螺栓进行接口,并在接口处设置止水橡胶腻子或黏结防水积压条。

　2 在与纵梁连接处宜设置橡胶垫层。

　3 横向接缝宜采用黏结防水积压条。

13 监 测

13.1 一般规定

13.1.1 在逆作法基坑工程施工的全过程中,应对基坑支护体系及周边环境进行有效的监测,并为信息化施工提供参数。基坑监测应从基坑围护结构施工开始,至地下结构施工完成为止,即包括地上结构、地下结构及周边环境监测。当工程需要时,应延长监测周期。

13.1.2 逆作法基坑监测应按基坑安全等级为一级、相应的环境保护等级和设计施工技术要求等条件编制监测方案。监测方案应包括以下内容:

    1 工程概况。

    2 建设场地工程地质和水文地质条件及基坑周边环境概况。

    3 监测的目的和依据。

    4 监测内容及项目。

    5 基准点、监测点的布设与保护。

    6 检测方法及精度。

    7 监测期和检测频率。

    8 监测报警值及异常情况下的监测措施。

    9 监测数据处理与信息反馈。

    10 监测人员的配备。

    11 监测仪器设备及检定要求。

    12 作业安全及其他管理制度。

13.1.3 逆作法监测宜采用信息化管理,实现动态设计和信息化施工。

13.1.4 基坑监测应符合现行上海市工程建设规范《基坑工程施工监测规程》DG/TJ 08—2001 及《基坑工程技术标准》DG/TJ 08—61 的相关规定。

13.2 监测项目、测点布置及报警值

13.2.1 逆作法基坑支护体系与地下结构的监测应符合表 13.2.1 的规定。

表 13.2.1 基坑支护体系监测项目

序号	监测项目	坑内加固施工和预降水阶段	基坑开挖阶段
1	支护体系的观察巡视	/	√
2	围护结构顶部竖向、水平位移	○	√
3	围护体系裂缝观察	/	√
4	围护结构侧向变形(测斜)	○	√
5	围护结构侧向土压力	/	○
6	围护结构内力	/	○
7	用于支承体系的梁、板内力	/	√
8	取土口附近的梁、板内力	/	√
9	支承柱竖向位移	√	√
10	支承柱内力	/	√
11	支承桩内力	/	※
12	坑底隆起(回弹)	/	※
13	基坑内、外地下水位	/	√
14	土体分层竖向沉降	√	√
15	逆作结构梁板柱的裂缝观察	/	√

注：1. "√"为应测项目；"○"为选测项目(视监测工程具体情况和相关单位要求确定)。

2. "※"：当地上地下结构同步施工时，支承柱和支承桩内力为必测项目；若仅基坑部分单独施工，则为选测项目。

3. "/"为不测项目。

13.2.2 围护结构监测点布置原则和要求应符合下列规定：

1 围护结构顶部水平位移监测点和竖向位移监测点宜为共用点，监测点间距不宜大于 20 m，关键部位宜适当加密，且每条边监测点不应少于 3 个，基坑每条边的中部、阳角处应布置测点。

2 围护结构计算受力和变形较大处宜布置监测点。

3 围护结构竖向位移测点与相邻支承柱竖向位移测点宜布置在同一断面上。

13.2.3 竖向支承柱竖向位移监测点原则和要求应符合下列规定：

1 监测点宜布置在支承柱计算受力、变形较大的部位。

2 行车通道区域的支承柱宜布置测点。

3 监测点数量不应少于支承柱总数的 20%，且不应少于 5 根。

4 对于面积较大的取土口，沿取土口周边方向宜加密监测点。

5 监测点布置尚应符合设计和施工要求。

6 布置测点时，宜设置 2 个相互垂直的断面连续布置。

13.2.4 竖向支承柱内力监测点宜根据竖向支承柱的结构型式和受力计算布置，内力监测传感器应对称布置。

13.2.5 水平结构梁、板内力监测点布置应符合下列规定：

1 监测断面应选在结构梁、板中计算受力较大的部位。

2 行车通道的首层结构梁、板应适当加密监测点。

3 各层楼板相对应的梁中分别选择监测截面布置监测点，各截面的上下皮钢筋各布设 1 个传感器。

4 取土口处的梁埋设传感器时，宜上下左右各布设 1 个。

13.2.6 坑底隆起（回弹）监测点布置宜根据基坑面积、取土口位置连续布置测点，形成 2 个相互垂直的断面。

13.2.7 对于地上、地下结构同步施工工程，应对竖向构件和托换构件的内力进行监测，并应对托换构件的变形和裂缝情况进行监测和观测。

13.2.8 对于地上、地下结构同步施工工程，沉降监测应测定建筑的沉降量与水平位移；沉降监测点的布设应考虑地质情况及建筑结构特点，并能全面反映建筑及地基变形特征。监测点的布置宜选择下列位置：

1 建筑的四角、核芯筒四角、大转角处及沿外墙每 10 m～20 m 处或每隔 2 根～3 根柱基上。

2 剪力墙托换区域的四角。

3 后浇带和沉降缝两侧及逆作施工作业区与非作业区交界位置。

4 沿纵、横轴线上的每个或部分竖向支承柱。

13.2.9 周边环境监测点布置原则和要求应符合下列规定：

1 周边环境有重点保护对象处应加密监测点。

2 基坑边缘以外 1 倍～3 倍基坑开挖深度范围内需要保护的周边环境应作为监测对象；必要时，可扩大监测范围。

13.2.10 监测频率的确定应符合下列规定：

1 应符合最短观测时间间隔和快速预警的要求。

2 应能系统反映所测变形的变化过程。

3 应能在要求的观测时间间隔内反映变形速率的特征。

13.2.11 监测报警值应根据地层条件、设计计算、周边环境中被保护对象的变形控制要求及当地经验等因素确定。当出现下列情况之一时，应进行报警：

1 监测数据累计值或变化速率达到报警值。

2 相邻竖向支承桩间以及竖向支承柱与临近基坑围护结构之间差异沉降达到报警值。

3 基坑支护结构或周边土体的位移值突然增大或基坑出现流沙、管涌、陷落或较严重的渗漏。

4 基坑支护结构的支撑体系出现过大变形、压屈、断裂、松弛或拔出的迹象。

5 水平结构梁板或其他支撑构件出现较明显的受力裂缝。

6 周边建筑的结构部分、周边地面出现较严重的突发裂缝或危害结构的变形裂缝。

    7 周边管线变形突然明显增长或出现裂缝、泄漏。

    8 根据当地工程经验,出现其他应进行危险报警的情况。

13.3 信息化管理

13.3.1 监测信息化管理系统的安装、调试工作宜在基坑围护结构施工之前完成,且具备正常运行的条件。在远程监测系统运行过程中,远程监测中心应协调相关工作,保证远程监测系统的正常运行。

13.3.2 监控信息化管理系统宜采集下列用于分析计算的基础资料:

    1 设计相关资料:岩土工程勘察报告,设计图纸,邻近建筑物、地下构筑物、地下管线、道路、敏感设施等环境资料。

    2 施工相关资料:施工组织设计,检测、监测方案,监理方案等。

13.3.3 监测数据上传工作应满足下列要求:

    1 监测单位应在每次现场监测数据量测完成后 2 h 内将监测数据上传至远程监控系统。

    2 所有监测数据必须真实、完整、有效,不得出现阶段性归零。

    3 上传监测数据时,必须有工况信息。

13.3.4 远程监控系统应具有下列功能:

    1 对上传的监测数据自动分析、生成历时曲线的功能。

    2 预报警自动提示功能。

    3 当发生预报警事件时,在管理平台上及时跟踪反馈预报警事件最新信息的功能。

13.3.5 监测信息化管理系统应具有下列功能:

    1 监测数据的自动或人工采集、传输,合理性判断及过滤功能。

2 工况记录功能。

3 围护结构、水平结构、竖向支承结构、周边环境安全状态计算分析和趋势预测功能。

4 安全预报警、显示、发布、报表输出、查询、现场巡检管理及工程资料管理功能。

14 施工安全与作业环境控制

14.1 一般规定

14.1.1 逆作法工程施工过程中,应采取下列措施控制噪声污染:

1 宜优先选用低噪声、低能耗的机械,固定式机械宜安装隔声罩。

2 应经常对机械设备进行维修保养。

3 进入施工现场后车辆禁止鸣笛。

4 应按现行国家标准《建筑施工场所噪声限值》GB 12523 的规定,严格控制施工期间的噪声。

14.1.2 逆作法施工安全应符合现行行业标准《建筑施工高处作业安全技术规范》JGJ 80 和《建筑机械安全使用技术规程》JGJ 33 的有关规定。

14.1.3 逆作法施工中应定期检测粉尘与有害气体浓度,应做好个人防护。

14.1.4 临时用电应符合现行行业标准《施工现场临时用电安全技术规范》JGJ 46 的有关规定。

14.1.5 按照总平面布置图的要求保证施工现场道路畅通,保证施工现场排水系统良好。

14.1.6 取土口、楼梯孔洞及交通要道应搭设防护设施。

14.1.7 逆作法施工过程中的安全与降噪、除尘和空气污染防护、照明及电力设施应符合现行行业标准《建筑施工安全检查标准》JGJ 59 和《建筑施工现场环境与卫生标准》JGJ 146 的有关规定。

14.2 通风排气

14.2.1 在浇筑地下室各层楼板时,按挖土行进路线应预先留设通风口,随地下挖土工作面的推进,通风口露出部位应及时安装通风及排气设施。地下室空气成分应符合国家有关安全卫生标准。

14.2.2 通风及排气设施应结合基坑规模、施工季节、地质情况、风机类型和噪声等因素综合选择。

14.2.3 逆作法施工通风应采取压力式机械通风,通风排气设施宜采用轴流风机,风机应具有防水、降温和防雷击设施。

14.2.4 风机表面应保持清洁,进、出风口不得有杂物,应定期清除风机及管道内的灰尘等杂物。

14.2.5 风机在运行过程中如发现异常,应立即停机检查。不得在风机运行中维修。

14.2.6 风管的设置和安装应符合下列规定:

  1 风管的直径应根据最大送风量、风管长度等计算确定。

  2 风管应与风机配套,同一管路的直径应一致。

  3 风管应敷设牢固、平顺,接头严密、不漏风。

  4 风管不应妨碍运输、影响挖土及结构施工。

  5 风管使用中应有专人负责检查、养护;如有破损,应及时修复、更换。

14.2.7 施工作业环境气体应符合下列规定:

  1 空气中氧气含量不得小于 20%。

  2 瓦斯浓度应小于 0.75%。

  3 有害气体中,一氧化碳浓度不得超过 30 mg/m^3,二氧化碳浓度不得超过 0.5%(按体积计),氮氧化物换算成二氧化氮的浓度不得超过 5 mg/m^3。

14.3 照明及电力设施

14.3.1 逆作法施工中自然采光不满足施工要求时,应单独编制专项照明用电方案。照明供电系统应独立设置,并配备应急发电设备。

14.3.2 每层地下室应根据施工方案及相关规范要求设置足够的照明设备及电力插座。

14.3.3 逆作法地下室施工应设一般照明、局部照明和混合照明。在一个工作场所内,不得只设局部照明。

14.3.4 现场照明应采用高光效、长寿命、低能耗的照明光源。对需大面积照明的场所,应采用高压汞灯、高压钠灯、混光用的卤钨灯或 LED 灯等。照明器具和器材的质量应符合国家现行有关强制性标准的规定,不得使用绝缘老化或破损的器具和器材。

14.3.5 照明灯具应置于预先制作的标准灯架上,灯架应固定在支承柱或结构楼板上。

14.3.6 动力、照明线路应设置专用的绝缘防水线路,宜设置在楼板、梁、柱等结构中,严禁将线路架设在脚手架、钢支承柱及其他设施上。

14.3.7 电箱至各电器设备的线路均应采用双层绝缘电线,并架空铺设。

本标准用词说明

1　为便于在执行本标准条文时区别对待,对要求严格程度不同的用词说明如下:

　　1)表示很严格,非这样做不可的用词:

　　　正面词采用"必须";

　　　反面词采用"严禁"。

　　2)表示严格,在正常情况下均应这样做的用词:

　　　正面词采用"应";

　　　反面词采用"不应"或"不得"。

　　3)表示允许稍有选择,在条件许可时首先这样做的用词:

　　　正面词采用"宜";

　　　反面词采用"不宜"。

　　4)表示有选择,在一定条件下可以这样做的用词,可采用"可"。

2　条文中指明应按其他有关标准执行的写法为:"应符合……的规定"或"应按……执行"。

引用标准名录

1 《建筑结构荷载规范》GB 50009

2 《混凝土结构设计规范》GB 50010

3 《建筑抗震设计规范》GB 50011

4 《混凝土结构工程施工质量验收规范》GB 50204

5 《建筑施工场所噪声限值》GB 12523

6 《装配式混凝土结构技术规程》JGJ 1

7 《建筑机械安全使用技术规程》JGJ 33

8 《施工现场临时用电安全技术规范》JGJ 46

9 《建筑施工安全检查标准》JGJ 59

10 《建筑施工高处作业安全技术规范》JGJ 80

11 《建筑施工现场环境与卫生标准》JGJ 146

12 《型钢水泥土搅拌墙技术规程》JGJ/T 199

13 《渠式切割水泥土连续墙技术规程》JGJ/T 303

14 《咬合式排桩技术规程》JGJ/T 396

15 《公路工程质量检验评定标准》JTG F80/1

16 《地基基础设计标准》DGJ 08—11

17 《基坑工程技术标准》DG/TJ 08—61

18 《钻孔灌注桩施工标准》DG/TJ 08—202

19 《基坑工程施工监测规程》DG/TJ 08—2001

20 《地下连续墙施工规程》DG/TJ 08—2073

21 《等厚度水泥土搅拌墙技术规程》DG/TJ 08—2248

上海市工程建设规范

逆作法施工技术标准

DG/TJ 08—2113—2021
J 12191—2021

条文说明

2021　上海

目　次

Contents

3　基本规定

3.0.1　逆作法是支护结构与主体结构相结合最为紧密的设计、施工方法。支护结构与主体结构相结合，是指在基坑施工期利用地下结构外墙或地下结构的梁、板、柱兼作基坑支护体系，不设置或仅设置部分临时支护体系。

逆作法可分为全逆作法、部分逆作法和上下同步逆作法。全逆作法即全部地下结构从地下室首层开始，由上至下逐层施工，最终形成基础底板。部分逆作法包括平面上部分区域顺作、部分区域逆作和竖向上部分楼层顺作、部分楼层逆作，工程实践中周边逆作结合中心岛顺作、裙楼逆作结合塔楼顺作或者跃层逆作等均为部分逆作法。上下同步逆作法是一种特殊形式的逆作法，先施工界面层，向下逆作地下结构的同时向上顺作施工地上结构（图1）。逆作时，上部结构可施工的层数，则根据桩基的布置和承载力、地下结构状况、上部建筑荷载等确定。

与常规的顺作法相比，逆作法方案具有诸多的优点：采用上下同步逆作法可以缩短工程的施工工期（顺作与逆作对比如图2～图4所示）；水平梁板支撑刚度大、挡土安全性高、围护结构和土体变形小、对周围环境影响小；采用封闭逆作施工，已完成的首层板可充分利用，作为材料堆置场或施工作业场地；避免了采用临时支撑的浪费现象，工程经济效益显著，有利于实现基坑工程的可持续发展等。

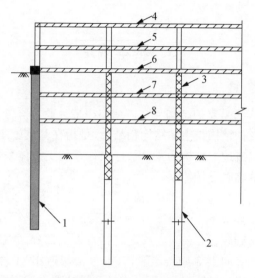

1—地下连续墙;2—立柱桩;3—立柱;4—地上二层梁板;5—地上一层梁板;
6—首层梁板;7—地下一层梁板;8—地下二层梁板

图 1　上下同步逆作法示意图

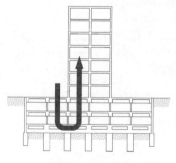

图 2　顺作法示意图

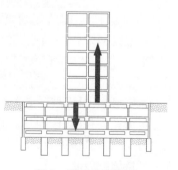

图 3　逆作法示意图

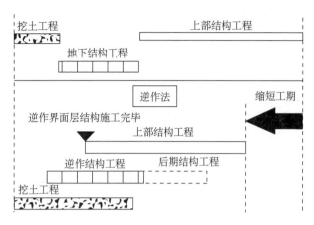

图 4   顺作、逆作施工工期对比图

此外,对于某些条件复杂或具有特别技术经济性要求的基坑,单纯的顺作法或逆作法都难以同时满足经济、技术、工期及环境保护等多方面要求。此时,通过采用部分逆作法,充分结合顺作法与逆作法各自优势,取长补短,往往可以顺利实现工程建设目标。工程中常用的部分逆作方案主要有:①主楼先顺作、裙楼后逆作;②裙楼先逆作、主楼后顺作;③中心顺作、周边逆作;④跃层逆作等。

建筑工程逆作法中,施工工况和施工荷载直接影响工程结构的受力状态;采用逆作法的设计,对施工的精度和质量控制提出了更高的要求。因此,在施工方案确定前,尤其是方案和初步设计阶段,需要对结构设计、工程施工等各方面进行综合讨论,确保设计施工一体化,从而达到缩短工期、节约成本、确保安全和保护环境的目的。

3.0.2 由于逆作法施工中结构模板搭设的需要,各个工况下的实际开挖深度低于结构楼板标高,因此各开挖工况下的基坑开挖深度应采用逆作法施工的实际深度。

3.0.4 竖向支承桩的竖向变形主要包含两个方面:一是基坑开挖

卸荷引起的立柱向上的回弹隆起;二是在已施工完成的水平结构和施工荷载等竖向荷重的加载作用下支承桩的沉降。此外,基坑开挖卸荷还会导致支承桩上部一定范围土体的侧压力减小,从而降低支承桩的抗压承载力,特别是基坑开挖较深时,该影响因素更为突出。因此,支承桩的变形计算除了应考虑施工阶段的竖向荷载之外,尚应结合具体情况对基坑开挖卸荷因素进行综合考虑。

3.0.6 先期地下水平结构作为逆作施工期间的水平支撑系统,需承受坑外水土压力等产生的侧向水平荷载,同时还需承受逆作施工期间的施工机械、材料堆场等各类竖向施工荷载,处于水平向和竖向双向受荷的状态。因此,应按照水平向和竖向联合受荷状态进行承载力和变形计算,并应同时满足施工期和使用期两个阶段的设计要求。

3.0.8 上下同步逆作法施工的界面层作为逆作阶段上下结构的受力转换层,即把上部结构传来的竖向和侧向作用力可靠地传递给临时地下结构,故必须具备足够的强度和刚度。

3.0.9 基坑开挖过程中,对地下水位、抽(排)水量、降(排)水设备运行状态实行动态监测,其目的在于监控地下水控制效果、降(排)水运行是否正常等。对于涉及承压水降水的逆作法工程,宜对基坑内外的地下水进行水位自动监测和计算机全程监控,确保有效控制承压水位,保证基坑工程施工安全。

3.0.10 逆作法施工主要是通过及时形成地下结构楼板作为基坑的支撑体系,在结构楼板形成过程中,要做到平衡对称,使基坑及时形成有效支撑。逆作基坑一般面积均较大,结构完成需要一定的时间,结构流水施工分块的大小将直接决定整体逆作结构的形成时间,分块大小要综合考虑结构流水及挖土的时间要求。

3.0.11 逆作法是一项涉及基坑工程、岩土工程和结构工程等多学科交叉的综合性专项技术,其中岩土性质的多样性和不确定性、城市环境条件的复杂性、施工阶段各个工况和永久使用阶段下结构受力状态变化与差异,决定了采用全过程信息化施工的必要性。利用监测信息及时掌握基坑支护结构、地上地下结构和周边环境的状态及发展变化趋势,对逆作法施工工况、施工进度和施工荷载变化等进行及时的应对和调整,采取措施避免异常情况的发生。同时积累监控资料,验证设计参数,完善设计理论,提高设计水平。

3.0.12 地下工程逆作法施工多为在相对封闭的空间内作业,特别是在大量机械进行土方开挖施工情况下,地下空气污染相对严重,在自然通风难以满足要求的情况下,需要通过人工通风排气来保证作业环境满足施工要求。逆作法工程废气的来源有施工机械排出的废气、施工人员的呼吸换气、有机土壤与淤泥质土壤释放出的沼气、焊接或热切割作业产生不利人体健康的烟气,以及其他施工作业产生的粉尘、煤烟和废气等。逆作法工程通风排气设计流程:计算地下室容积→确定换气量→合并通风排气→选择通风设备,确定数量并合理配置。

4 施工准备

4.0.2 上海市住房和城乡建设管理委员会《关于印发〈上海市基坑工程管理办法〉的通知》(沪住建规范〔2019〕4 号)规定:对采用逆作法、"两墙合一"和"桩墙合一"等支护结构与主体结构相结合的基坑工程,围护设计方案和施工图应得到主体结构设计单位书面同意,并应加盖主体结构设计人员的一级注册结构工程师执业印章;利用主体结构墙板作为基坑临时支撑点或者在主体结构梁板缺失部位设置临时支(换)撑结构的,应得到主体工程结构设计单位的书面同意。

4.0.3 逆作法对施工提出了较高的要求,施工单位在编制施工组织设计时应根据逆作法施工工况,对整个工程进行全面考虑、精心组织;对于逆作施工平台层的平面布置、行车路线、堆载要求和取土口的留设等与施工组织和效率密切相关的问题,应与设计相互配合;针对竖向支承桩柱的施工工艺和精度控制、先期施工结构和后期施工结构的接缝处理等关键施工内容应进行重点控制。

5 围护结构施工

5.1 一般规定

5.1.1 逆作法工程中的基坑围护结构与常规的基坑围护结构型式类似。地下连续墙受弯刚度较大,整体性好,"两墙合一"地下连续墙作为逆作法基坑工程的围护结构较为普遍,适用于开挖深度较深、环境保护要求较高的基坑工程。灌注桩排桩和咬合式排桩在顺作法工程中多作为临时围护结构,但在逆作法工程中也可以作为地下室外墙的一部分在永久使用阶段发挥作用,进一步增强其经济性。型钢水泥土搅拌墙集围护结构和截水帷幕为一体,由于 H 型钢造价较高,在基坑施工完成后拔出内插型钢进行重复利用,减少资源浪费,多作为临时围护结构;但当内插型钢不拔除时,也可以作为地下室外墙的一部分。根据具体的工程情况和当地经验,也可通过设计计算采用其他可行的基坑围护结构。

5.1.3 当地质勘探资料显示拟建场地内存在不良地质时,施工前应查验位置、深度,并采取相应的处理措施。

测量基线与水准点是工程施工定位的依据,施工过程中产生的土体位移、沉降会影响定位精度,应及时进行复测和保护。施工进程中需要交接时,应按照交接手续进行,并按规定进行现场复测。

场地内有承压水分布时,深入承压含水层的钻探孔、废桩孔等均应采取相应的处理措施进行封堵,避免开挖过程中出现承压水突涌。

5.1.4 在基坑围护结构施工中,可采取下列措施减少对环境的影响:

1 在粉性土或砂土地层中进行地下连续墙施工,宜采用减小地下连续墙单幅槽段宽度、调整泥浆配比、槽壁预加固等措施。

2 灌注桩排桩施工可采用优质泥浆护壁、提高泥浆比重、加长护筒、在搅拌桩中套打等措施提高灌注桩成孔质量以及控制孔壁坍塌。

3 搅拌桩施工过程中应优化施工流程,并控制施工速度,减少搅拌桩挤土效应对周围环境的影响。

5.2 地下连续墙

5.2.1 根据工程情况,对于环境保护要求较高的工程或地质条件较复杂的情况应采用非原位试成槽。通过试成槽选择适合场地土质条件、满足设计要求的机械设备、工艺参数等。试成槽过程中应定时检测护壁泥浆指标,记录成槽过程中的情况及成槽时间等;成槽至设计标高后应按设计要求的时间间隔进行槽壁垂直度、槽底沉渣厚度的检测。非原位试成槽的槽段试成槽结束后应及时回填,位于基坑内的试验槽段在基坑开挖面以下应采用混凝土回填,基坑开挖面以上可采用土或中粗砂回填,必要时可采用注浆法对回填区域进行加固。当试验槽段位于基坑外时,可采用土或中粗砂回填。

5.2.3 地下连续墙槽壁加固宜根据加固深度要求采用双轴水泥土搅拌桩、三轴水泥土搅拌桩、渠式切割水泥土搅拌墙或铣削深搅水泥土搅拌墙,桩体或墙体的垂直度允许偏差不应超过 1/200。槽壁加固深度一般低于基坑开挖面以下 3 m,桩体直径为 650 mm～850 mm,槽壁加固与地下连续墙的间隙根据加固深度及施工能力等综合确定,一般为 50 mm～100 mm。特殊情况下,如工作面狭小、限高等,无法满足搅拌桩设备施工需要,可考虑采用旋喷、摆喷等加固形式。

5.2.5 通过泥浆试配与现场检验确定是否修改泥浆的配比,检验内容主要包括稳定性、形成泥皮性能、泥浆流动特性及泥浆比重检验。遇有含盐或受化学污染的土层时,应配制专用泥浆,以免泥浆性能达不到规定要求,影响成槽质量。泥浆分离净化通常采用机械、重力沉降和化学处理的方法。除砂器选择应根据砂的颗粒大小及需处理的泥浆方量来确定。

5.2.8 对于超深地下连续墙,在十字钢板、型钢等接头无法施工的情况下,可采用套铣接头。

5.2.10 分节制作钢筋笼宜采用接驳器连接。预留的剪力槽、插筋、接驳器等预埋件标高、位置应复核,为确保基坑开挖时方便凿出,可在保护层中设置夹板等措施。

5.2.11 为满足浇筑过程中混凝土面的上升需求,钢筋接驳器其最小净距建议不宜小于粗骨料粒径的 3 倍,在承压水层深度位置的钢筋接驳器尤其应注意此问题。

5.2.12 逆作法施工对预埋的插筋和接驳器标高要求高,成槽过程中由于槽壁坍方等原因可能导致导墙沉降。为确保预埋插筋、接驳器标高的准确,钢筋笼吊放前需测量导墙标高并根据实测标高确定吊筋长度。

5.2.15 预制墙段宜在工厂制作,有条件时也可在现场预制。预制墙段可叠层制作,叠层数不应大于 3 层。预制墙段应达到设计强度的 100%后方可运输及吊放。预制墙段安放闭合位置宜设在直线墙段上。起吊吊点应按设计要求或经计算确定。

5.3　灌注桩排桩

5.3.1 试成孔至设计标高并完成一清后,静置一段时间(一般根据成孔到成桩的施工时间来估算或根据设计要求),从开始测得初始值后,每 3 h～4 h 间隔测定一次孔径曲线(含孔深、桩身扩径缩径)、垂直度、沉渣厚度等,以核对地质资料、检验施工设备、施工工艺及泥浆指标等是否符合工程要求,在正式施工前调整选择好施工参数。

根据工程情况,对于环境保护要求较高的工程或地质条件较复杂的情况下不应在原位进行试成孔。非原位试成孔的孔位在试成孔结束后应采用素混凝土或其他材料密实封填。

5.3.2 作为"桩墙合一"的排桩围护结构,垂直度控制是比较重要的,成孔机械一般选择钻架配重大、钻杆扭矩大的设备,如GPS-15型以上的设备。另外,还需减少围护沉降,以减少与主体结构的差异沉降,严格控制沉渣厚度,通过泥浆反循环的工艺可有效控制沉渣厚度。

5.3.4 灌注桩排桩成孔施工可采取以下质量保证措施:

1 采用膨润土泥浆护壁,提高泥浆黏度,可有效防止孔壁坍方、缩径。

2 先施工隔水帷幕,再施工灌注桩排桩,有利于保证隔水帷幕和灌注桩的施工质量,也可避免先施工的灌注桩由于塌孔扩径导致外侧隔水帷幕施工困难的不利情况。

3 围护结构位置采用水泥土搅拌桩预加固主要是控制灌注桩成孔过程中孔壁的稳定不塌孔,预加固的水泥土搅拌桩水泥掺量一般为 7%~8%。

5.4 咬合桩

5.4.1 咬合桩分为硬切割与软切割两种施工方法。硬切割是指Ⅱ序桩在相邻Ⅰ序桩混凝土终凝后对其切割成孔的施工方法,具有在成孔过程中结合清障的技术特点,适用于硬质地下障碍物密集的复杂地质条件。硬切割咬合桩应采用全套管全回转钻机配备双壁钢套管进行成孔施工。软切割是指Ⅱ序桩在相邻Ⅰ序桩混凝土初凝前对其切割成孔的施工方法,相比硬切割工艺,清障能力有所不足,但经济性显著,适用于普通软土地质条件下的咬合桩施工。软法咬合桩成孔设备宜采用全套管钻机或旋挖钻机。

5.4.2 每组试成孔中应包括 2 根Ⅰ序桩和 1 根Ⅱ序桩。软法咬合相关工艺参数包括Ⅱ序桩开钻时间、成孔时间、成桩时间及套管底口低于开挖面的距离等。

5.4.3 导墙结构型式应根据地质条件和施工荷载等经计算确定，且导墙厚度不宜小于 200 mm，混凝土强度等级不宜低于 C20。导墙上应设置定位孔，其直径宜比桩径大 20 mm～40 mm。导墙顶面宜高出地面 100 mm，以防止地表水流入桩孔内。导墙示意见图 5。

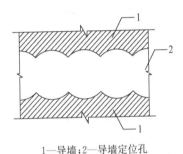

1—导墙；2—导墙定位孔

图 5　导墙示意图

5.4.4 首先检查和校正单节套管的顺直度，然后检查按桩长配置的全长套管的顺直度，并对各节套管编号，做好标记，按序拼装。可采用固定锤球复测或经纬仪双向复测垂直度。

钻机定位应准确、水平、稳固，回转盘中心与设计桩位中心偏差不应大于 10 mm，并校正钻机垂直度。钻进过程中，可在地面用经纬仪监测套管的垂直度或在孔内用吊锤检测垂直度；若垂直度不满足要求，可利用钻机油缸进行纠偏。

5.4.6 配矩形钢筋笼的Ⅰ序桩下放时，可采用在钢筋笼两侧绑扎强度较低易切割的材料(如 PVC 管)，确保精确就位，以防止安装偏差造成后续咬合切割损伤钢筋。

钢筋笼除了平面要限位,还要防止上浮或下沉。浇筑混凝土时,应采取措施固定钢筋笼。如:采用钢丝绳悬挂在吊车吊钩上,当需要拆套管或导管时可采用槽钢将钢筋笼悬挂在下节套管顶部,如此反复直至混凝土浇筑至设计标高并拔出所有套管,过程中应当注意在每节套管起拔时,吊车始终要将钢筋笼吊紧,并保持同一标高不变,以免钢筋笼上下起伏后无法重新回到原来标高;在钢筋笼底部焊上垂直定位钢筋 4 根,定位钢筋的长度应根据实际成孔深度而定,即在测好孔深后再进行 4 根定位钢筋的断料及焊接工作。另外,钢筋笼底部可加设钢筋网片或加焊抗浮钢板。

5.4.7 边灌注混凝土边拔套管有利于套管的顺利起拔,套管底低于混凝土面 2.5 m 可有效防止塌孔,避免影响混凝土质量。

套管内有水时,应采取水下混凝土浇筑工艺,并配备抽水泵,在混凝土浇筑过程中将孔内水抽排出,且混凝土应浇筑至导墙顶部,保证有一定的超灌高度,以保证桩顶混凝土质量。

5.5 型钢水泥土搅拌墙

5.5.1 型钢水泥土搅拌墙技术从日本引进,水泥土搅拌墙可由多轴水泥土搅拌桩、渠式切割水泥土搅拌墙或铣削深搅水泥土搅拌墙技术构建而成。

渠式切割水泥土搅拌墙(TRD 工法)是从日本引进的一种新型水泥土搅拌墙施工技术,施工设备兼有自行切割和混合搅拌水泥浆液的功能,与多轴水泥土搅拌桩采用垂直轴纵向切削和搅拌施工方式不同,该技术通过将链锯型刀具插入地基至设计深度后,在全深度范围内对成层地基土整体上下回转切割喷浆搅拌,并持续横向推进,构筑成上下强度均一的高品质等厚度水泥土搅拌墙。渠式切割水泥土搅拌墙施工成墙厚度和深度视设备型号不同而异,成墙厚度一般为 550 mm～900 mm,目前最大成墙深度达到 65 m,一般均在 60 m 以内。该技术适应地层广,不仅适用于标贯击数小于 100 的土层，还可以在粒径小于 100 mm 的卵砾石层和软岩地层中施工。由该技术构建的墙体水泥土搅拌均匀、连续无接缝，相比传统的三轴水泥土搅拌桩在相同地层条件下可节省水泥 20%～25%，且墙身范围内水泥土完整性、均　性、强度和隔水性能更好。根据国内不同地区十余项工程水泥土墙体强度和渗透性试验统计数据，水泥土 28 d 龄期无侧限抗压强度在 0.8 MPa～3.2 MPa 范围，普遍大于 1.0 MPa；水泥土墙体渗透系数可达 10^{-7} cm/s 量级。国内渠式切割水泥土搅拌墙施工设备主要有从日本引进的 TRD-Ⅲ 型工法机、中日合资的 TRD-CMD 850 型和 TRD-E 型工法机以及国内自主研制的 TRD-D 型工法机，上述机型施工机架最大高度一般不超过 12 m，重心低，稳定性好。近年来，该技术经消化吸收和改进创新，已在上海、天津、武汉、南京、杭州等十余个地区的逾五十项深大基坑工程中成功应用，应用形式主要有内插型钢作为基坑围护结构兼隔水帷幕、超深隔水帷幕和地基加固（如钢筋混凝土地下连续墙槽壁地基加固）。实践证明，渠式切割水泥土搅拌墙技术构建的墙体质量好、强度高、抗渗性能可靠，该技术的应用大幅降低了工程造价，同时在节能降耗、保护环境方面效果显著，取得显著的社会经济效益。

铣削深搅水泥土搅拌墙技术（CSM 工法）是在德国双轮铣深层搅拌技术的基础上经过改进创新研发的一种新型深层搅拌技术。该技术结合了液压铣槽机设备的技术特点和深层搅拌技术的应用领域，可以应用到各种复杂的地质条件中。铣削深搅水泥土搅拌墙与传统深层搅拌工法的不同之处在于使用两组铣轮沿水平轴旋转切削搅拌，形成矩形槽段的改良体，而非以单轴或多轴搅拌钻具沿垂直轴旋转，形成圆柱形的改良体。该技术的原理是通过配置在钻具底端的两组铣轮水平轴向旋转下沉掘削原位土体至设计深度后，提升喷浆旋转搅拌形成矩形水泥土槽段，再将相邻槽段通过铣削搭接形成连续的等厚度水泥土搅拌墙体。

实践表明,铣削式等厚度水泥土搅拌墙技术适用于黏土、砂土、粒径不大于 20 cm 的卵砾石及饱和单轴抗压强度 20 MPa 以内的岩石等各种地层,成墙厚度一般 700 mm～1200 mm,强度达到 1 MPa～5 MPa,墙体渗透系数可达到 10^{-7} cm/s～10^{-6} cm/s 量级。该技术具有高掘削性能、高搅拌性能、低噪声、低振动、低置换率、主机操控灵活等特点。目前,国内应用最广泛的设备为上海金泰工程机械有限公司自主研制的导杆式 SC 系列(SC-35、SC-45、SC-50、SC-55)工法机,其中 SC-55 机型设计最大施工深度 55 m;由德国宝峨公司进口的悬吊绳索式设备设计最大施工深度可达 80 m。近年来,该技术已在上海、武汉、广州、福州、南昌等十余个地区近五十项复杂地质条件和环境条件的深大基坑工程和水利工程中成功应用,部分工程如表 2 所示,应用形式包括超深隔水帷幕、型钢水泥土搅拌墙挡土隔水复合围护结构、钢筋混凝土地下连续墙槽壁加固等。铣削式等厚度水泥土搅拌墙技术构建的墙体质量好、强度高、在复杂地层中施工作业高效,该技术的应用大幅降低了工程造价,应用前景广阔。

表 2　铣削深搅水泥土搅拌墙应用的典型工程

工程名称	成墙地层	基坑面积(m^2)	基坑挖深(m)	宽度(mm)	深度(m)	应用形式
上海前滩 33#—01 地块办公、商业及住宅项目	上海典型地层,穿过密实砂层	14 000	13.5～14.9	800	49	隔水帷幕
上海国际航运服务中心(东块)项目	上海典型地层	50 000	12.1～13.1	700	23	隔水帷幕
上海源深金融大厦项目	上海典型地层	24 000	13	850	22	槽壁加固
上海诚信绿项目	上海典型地层	12 500	12	700	18	隔水帷幕

工程名称	成墙地层	基坑面积（m²）	基坑挖深（m）	宽度（mm）	深度（m）	应用形式
上海杨浦图书馆改造项目	上海典型地层	10 000	5	850	16.5	型钢搅拌墙
上海明园森林都市二期	上海典型地层	5 900	6.4	800	12	型钢搅拌墙
武汉同济医院扩建项目	穿过深厚砂层，嵌入强度7.4 MPa中风化泥岩	6 600	12.5	800	55	隔水帷幕
武汉国际展览中心	粉质黏土、黏土层	22 600	9.7～15.8	850	21	型钢搅拌墙
南昌明园九龙湾G02、D05地块	嵌入中风化泥岩	19 200	10.3～13.3	850	21	型钢搅拌墙
南昌绿地朝阳中心项目（2#地块）	穿过圆砾、砂砾层，嵌入6.5 MPa中风化泥质粉砂岩层	20 600	6.6	700	20	型钢搅拌墙
南昌市教育考试院	穿过圆砾、砂砾层，嵌入强度8 MPa中风化岩层	2 500	9.3～10.9	700	20	隔水帷幕
南昌中金国际广场	嵌入强风化岩、中风化岩	18 600	17	800	18	隔水帷幕
绿地南昌象山南路项目A地块Ⅰ区	穿过圆砾、砂砾层，嵌入强度7 MPa中风化岩层	28 900	8.9～13.3	700	17	隔水帷幕
江西上饶万达广场	穿过最大粒径达15 cm的卵砾石层，嵌入强度10 MPa中风化岩	43 000	12	850	16	型钢搅拌墙

5.5.7 当土体强度低、墙体深度浅时,宜采用一步施工法;当场地条件受限、施工长度较短、环境保护要求较低时,宜采用两步施工法;当切割土层较硬、墙体深度深、墙体防渗要求高时,宜采用三步施工法。

6 竖向支承桩柱施工

6.1 一般规定

6.1.2 单桩施工作业范围不宜小于 10 m×10 m，施工场地宜施工 150 mm～200 mm 厚的混凝土硬地坪，混凝土强度等级不应低于 C20。当施工场地上需要行走大型吊机时，宜对混凝土硬地坪配置钢筋，以确保地坪能够满足机械设备作业的稳定性、垂直度调垂架的设置精度、为垂直度调垂架提供足够的地基承载力、支承柱及支承桩定位精度等方面的要求。

6.2 竖向支承桩施工

6.2.1 竖向支承桩成孔机具一般有正、反循环回转钻机和旋挖钻机两种。正、反循环回转钻机成孔工艺在软土地区应用广泛，而且施工经验丰富。旋挖施工是在回转施工等工艺基础上发展起来的一种桩基础施工方法。与正、反循环钻机相比，具有扭矩大（150 kN·m～280 kN·m）、地层适应性强（主要适用于黏性土层、砂层、卵砾石层和部分强风化的岩层）、自动化程度高、工人劳动强度低、设备适用范围广、施工质量容易控制、施工效率高、设备多用性、环保等优点。两种成孔机具各项指标对比见表 3。

表 3 支承桩施工机械对比

对比项目	旋挖钻机	正、反循环回转钻机
施工工艺	钻进时直接用钻头将土取出,泥浆只是护壁而用,现场设一个集中储浆池即可;泥浆可重复多次利用,施工现场无需大量泥浆材料,大大减少了泥浆污染	钻进时采用钻头切削地层,用泥浆循环将土返回地面,需设多个泥浆池,排放泥浆对施工现场污染较大,需经常处理废弃泥浆
环保	渣土集中堆放,定时清理,对施工现场文明施工非常有利;低噪声,使扰民的概率大大降低	正循环时清渣较困难,不利于文明施工;噪声相对较高,易造成扰民;对环境污染较大
工程质量	自带现代化的电子仪表测量装置,精确度较高,可有效保证施工精度。抓斗上下频繁,对孔壁稳定不利,另外有桩塞效应	精确度不高,为确保垂直度偏差小,需采取一定的措施。孔壁稳定较好
施工效率	施工效率较高,桩长 35 m 左右,一天(24 h)可施工 4 根~6 根,灵活机动性高,移机、对位速度很快	施工效率较低,桩长 35 m 左右,一天(24 h)只能施工 1 根~2 根,机动性差,移机、对位速度较慢
节能	使用内燃动力行车、钻孔,使用燃油动力,高效节能,能源供应方便,但油价高,导致单价较高	一般使用电力,对施工现场电力布设要求较高,但电价低,相对经济
适用性	可施工 0.6 m~2.5 m 口径、深度≤100 m,除坚硬岩层以外地层的各种桩基类型(卵砾石层、强风化岩层均可施工)	适用范围较广,可施工各种桩径、桩深的桩

　　灌注桩常用的清孔方法有正循环清孔和反循环清孔,其中反循环清孔又有泵吸反循环清孔和气举反循环清孔两种工艺。从清孔效果和控制桩端沉渣厚度角度,反循环清孔工艺更为可靠、更有保证。逆作法中的支承桩承载力和沉降控制的要求高,应严格控制桩端沉渣厚度,宜选择反循环清孔工艺进行清孔。具体清孔方法应根据桩孔规格、设计要求、地质条件及成孔工艺等因素合理选用。

6.2.2　为满足成孔要求,护壁泥浆可选用优质钠基膨润土人工造浆,新造泥浆需静置膨胀 24 h 以上方可使用。施工过程中,需根据实测泥浆指标及时抽除废浆,补充新浆。

对于桩端位于砂层或者桩长范围内分布有较厚砂层时,为控制泥浆含砂率过高导致沉渣过厚,成孔过程中循环泥浆应采用除砂器除砂,除砂器功率及滤网等应根据砂的颗粒大小及需处理的泥浆方量来确定。

6.2.3 沉渣厚度 50 mm 指钢筋笼下放后二清后的标准。

6.2.6 桩端注浆可加固桩底和桩侧的土体,有效减少支承桩的沉降,提高桩的承载力。注浆管应采用钢管,壁厚不小于 3 mm,接头处采用丝扣套筒连接,注浆器应采用单向阀,以防止泥浆及混凝土浆液的涌入,应能承受大于 1 MPa 的静水压力。单根桩注浆管数量不应少于 2 根,注浆管下端应伸至桩底以下 200 mm～500 mm;在混凝土初凝后终凝前应用高压水劈通压浆管路,注浆宜在桩体混凝土达到设计强度后方可进行,注浆压力宜控制在 2 MPa～3 MPa,压浆可分次进行,采用注浆压力和注浆量双控原则,即注浆量不低于设计要求的 80%且注浆压力不小于 2 MPa 时可终止注浆。

6.3 竖向支承柱施工

6.3.1 竖向支承柱加工和拼装应按现行国家标准《钢结构工程施工质量验收规范》GB 50205 的有关规定进行质量验收。由于运输条件的制约,一般支承柱长度超过 16 m 时需分节制作,运至施工现场再进行组装,组装方法可采用地面水平拼接和孔口竖向拼接两种。水平拼接由于操作方便,相对竖向拼接质量更能保证,但水平拼接需要足够的场地,且场地应平整,宜设置制作平台,在平台上设置固定用的夹具,每节至少配置 2 个固定点,以确保支承柱的拼接精度。

6.3.3 先插法中支承柱内充填混凝土与支承桩混凝土强度等级

不同时,不同强度等级混凝土的施工交界面宜设置在支承柱底部之下2 m~3 m位置处,并应根据施工能力及工程需要采取措施阻止和控制竖向支承柱外部混凝土的上升高度,可采用砂石对钢管柱外侧进行回填。参考作业程序如下:

1 当支承桩低标号混凝土液面上升至设计桩顶标高以上3.5 m时停止灌注,开始浇灌钢管内高标号混凝土。

2 高标号混凝土灌注至钢管柱底端口上下各1 m时放慢浇灌速度,泵车开启最低档或间断灌注,尽可能减小对钢管柱产生扰动。

3 高标号混凝土停灌后,拆除2节导管(即导管底口位于钢管柱底口以上3 m),开始回填碎石到1/3的高度。

4 高标号混凝土停灌静置约1.5 h后继续浇灌高标号混凝土,同时测绳从四周量测回填碎石面的上升情况,若碎石上升,则停止浇灌混凝土继续回填石子,直至钢管柱外混凝土面稳定且碎石面不上升,再继续浇灌,及时根据两侧的钢管柱内混凝土面标高拆拔导管,埋深始终保持在6 m~10 m。

5 待钢管柱内残存的低标号混凝土全部从钢管柱顶口的溢浆口溢出见到高标号混凝土石子后方可停止灌注,此时钢管柱内低标号混凝土全部被高标号混凝土置换完毕,高标号混凝土停灌时混凝土面高出设计桩顶标高20 cm~30 cm。

6 混凝土浇灌完后,碎石砂继续对钢管柱外侧进行回填,回填至自然地面。回填时,须人工沿孔周边对称、均匀回填。

7 分批次对已回填的桩孔利用预先埋设的注浆管进行填充注浆,水泥采用普通P.O42.5级,按水灰比0.55拌制,水泥浆注入量为回填体积的20%。

采用砂石回填方法时,竖向支承柱可以采取包裹土工布或塑料布等措施,以减少开挖后凿除外包混凝土砂石的工作量。

6.3.4 后插法是近年来开始应用的一种逆作法竖向支承柱施工工法。相对于桩柱一体化施工的先插法,后插法中竖向支承柱是在竖向支承桩混凝土浇筑完毕及初凝之前采用专用设备进行插入,该施工方法具有施工精度更高、竖向支承柱内充填混凝土质量更能保证等显著优势。

后插法施工流程为:通过地面上后插法装置及孔内的导向纠偏装置,将钢立柱垂直向下插到支承桩中,边插边利用安装在钢立柱上的测斜仪随时监测钢立柱的垂直度,全程实行动态监控适时调整,在支承桩混凝土初凝前将永久钢立柱垂直插入到设计标高。其调垂原理为:根据二点一线原理,通过利用钻孔孔内空间,延长了两个垂直控制点之间的距离,使垂直度控制更便捷有效,同时降低了设备的地面高度,增加了系统的整体稳定性和可操控性,从而更有效的达到对钢立柱的导向、纠偏效果。

钢管内混凝土终凝后一般可采用砂石对钢管柱外侧进行回填,回填时,须人工沿孔周边对称、均匀回填,回填时观察孔内泥浆液面的变化,当孔内泥浆液面上升溢出地面时,暂停回填,如此分次回填确保密实。回填完成后,开启高压注浆泵对管外环状间隙进行注浆,水泥浆水灰比 0.55,充填率 20%。

6.3.6 竖向支承柱制作和拼接时,可采用水平尺检查其长度及截面尺寸;支承柱起吊下放时,可采用经纬仪测量 X、Y 方向的垂直度;调垂过程中,可采用测斜管、摆锤、激光发射器和接收器、水管等方法检查其就位的垂直度。当采用测斜管时,可采用钢管或PVC管,测斜管与竖向支承柱之间应采用环箍固定,为确保测斜管测试垂直度能代表支承柱的垂直度,测斜管应与竖向支承柱完全平行。

6.4 检 测

6.4.1 钢管混凝土支承柱应用在逆作期间竖向荷载较高的情况下,钢管内充填的高强混凝土需在水下浇筑,且支承柱和支承桩的混凝土强度等级往往不一致并要求连续浇筑施工。钢管混凝土支承柱施工工艺较复杂,其施工质量的控制难度较高,为了确保施工质量满足设计及规范要求,应根据本规定对钢管混凝土支承柱进行严格检测。

6.4.5 竖向支承桩柱是逆作法的重要受力构件,从确保逆作法安全、顺利实施的角度,对支承桩提出了高承载力和小变形的设计要求,由此预先通过试桩掌握和验证支承桩的承载变形特性是十分必要的。通过试桩工作,可直观、准确地建立支承桩承载力和变形的关系,以及支承桩在不同荷载水平作用条件下的变形量值,为设计对控制逆作法施工期间支承桩的差异沉降提供了可靠的设计依据。另外,通过支承桩大面积施工之前的试桩工作,也为可能潜在的问题提供了发现和解决的机会。因此,本条文针对工程地质条件复杂、上下同步逆作法工程以及逆作阶段承载力和变形控制要求高的竖向支承桩,均提出了静载荷试验的检测要求。

7 先期地下结构施工

7.1 一般规定

7.1.4 先期地下水平结构预留孔洞的设置涉及地下水平结构的设计和地下暗挖的施工要求等综合因素,应根据各方面的具体要求,由设计和施工双方共同协商确定。

7.2 模板工程施工

7.2.2 垂吊模板逐次转用于下层,能够减少使用的临时材料和模板材料,大幅度减少搬入搬出工作,节约工期。

7.2.3 设置垫层是为确保模板及其支架的承载安全,同时有利于文明施工。当垫层下地基土为高压缩性的软弱土层时,地基土的承载力及变形计算不能满足地下结构施工要求,应对地基土采取相应的加固措施,以避免地下水平结构施工时产生过大沉降,影响地下结构的施工质量及受力安全。

7.2.4 先期地下结构施工时应预留浇捣孔,结构柱浇捣孔应设在柱四角无梁位置,以避免影响梁钢筋和削弱梁截面。剪力墙浇捣孔应根据沿剪力墙长度方向均匀布置,且应控制浇捣孔间距,距离过大将难以保证接缝施工质量。当预留的浇捣孔数量少、间距过大时,为确保结构柱、墙混凝土浇筑的密实性,应采用高流态混凝土施工后期结构。浇捣孔宜使用带波纹的 PVC 管进行预留,在防水要求较高部位,应采取可焊接止水片、防水效果更好的钢套管进行预留。

7.3　钢筋混凝土结构施工

7.3.4　逆作法工程中,地下水平结构中后期需封闭的预留孔洞需留设施工缝,剪力墙、框架柱先期与后期的竖向结构也需留设施工缝。相对于顺作法工程,地下结构构件施工缝数量会多出许多。逆作法中施工缝在施工上应进行精心处理,采取措施确保施工缝位置的受力和止水性能。

7.4　钢与混凝土组合结构施工

7.4.4　当界面层下结构梁为劲性梁时,型钢梁与支承柱的连接施工与普通钢结构的施工主要区别是竖向支承桩柱在地面一体化施工,支承柱定位的平面和垂直度精度控制难度相对大,开挖后支承柱的实际位置与设计位置可能存在偏差,为消化此可能存在的偏差,钢构件之间的连接要留有足够的调整空间,并应先进行预拼装,进行现场调整后再进行正式安装。当钢结构采用螺栓连接时,应禁止在现场开孔。

8 后期地下结构施工

8.1 一般规定

8.1.3 后期地下结构施工中需要对临时竖向支承构件进行拆除时,拆除前应采取措施确保竖向荷载的有效传递以及可靠的替换路径,控制结构受力重分布过程中产生的变形。临时竖向支承构件拆除应遵循的原则:①临时竖向支承结构拆除前,应实现可靠的换撑后方可进行拆除;②在形成可靠换撑之后,临时竖向支承柱的拆除应采用"自上而下"的流程进行,以便于竖向荷载分阶段的逐步转换;③应采用信息化施工,并制定完备的应急预案。应加强对拆除区域构件的内力和变形监测,根据监测情况及时调整优化拆除流程。此外,在拆除之前,应预先制定应急预案,并根据应急预案备齐相应的设备及物资等。

8.2 钢筋施工

8.2.1 在梁板混凝土浇筑前,立柱的纵筋和箍筋宜绑扎完毕,方便箍筋弯钩施工。否则,纵筋固定后,箍筋施工弯钩角度难以保证。

8.2.2 先期结构施工时,在柱或墙位置预留插筋供竖向结构回筑施工阶段钢筋的接驳使用。后续接驳的钢筋与原预留插筋之间的接驳宜采用机械连接或采用机械连接与焊接相结合的形式。逆作过程中,还应注意预留插筋的保护和防锈工作,尤其是使用HRB400 强度及以上钢筋,由于该钢筋的脆性较大,弯折后极易断裂,故应避免对插筋的弯折。

8.2.3 逆作法先期结构主筋如采用焊接连接,预留插筋长度应不小于 500 mm。由于该连接部位无法避开箍筋加密区,为保证地下水平受力和抗震要求,在柱梁节点设计及配筋率方面应适当考虑,如采用合适尺寸的柱帽等构造措施加以解决。

8.2.4 在施工过程中对现场取样的钢筋连接接头,应在监理见证下现场取样,送测试单位进行复试。

8.3 模板工程施工

8.3.1 顶置浇捣口应满足如下要求:

1 浇筑孔应设置在板上,避开柱与主梁。预留孔大小为 120 mm～220 mm。回筑混凝土浇注面应高于接缝至少 300 mm。

2 根据柱径与墙板厚度确定浇筑孔的数量,每柱宜设置 4 点,不应少于 2 点,设置喇叭口的方式浇捣。墙板浇筑孔留设间距宜在 1 200 mm～2 000 mm。

3 首层结构楼板预留的浇捣孔有防水要求,宜采用螺纹管成孔。

4 当支承柱采取 H 型钢时,在每个腹板分割的区域内,应有一个预留的混凝土浇筑孔。

除顶置浇捣口外,还有采用侧置浇筑孔方式。采用侧置浇筑孔一般设在浇捣面以下 500 mm～1 000 mm 之间,利用泵送混凝土压力将混凝土压入模板内,其模板刚度及混凝土流动性能均应满足相应压力要求。

8.4 混凝土施工

8.4.2 混凝土浇筑前应清除各种垃圾并浇水湿润,施工中严格控制施工节奏,杜绝冷缝出现;浇捣必须连续,不得间隙时间过长。

钢筋密集处加强振捣,分区分界交接处要进行延伸振捣,确保混凝土外光内实,控制相对沉降。

8.5 接缝处理

8.5.1 逆作法中结构柱、墙出现的水平接缝的处理是逆作法关键技术之一。逆作法竖向结构水平接缝处理应确保竖向结构在正常使用阶段竖向和水平向受荷时接缝位置的应力能有效、可靠地传递,并保证水密性与气密性。竖向结构水平缝的处理需重点关注并处理好如下质量问题:①由于先期结构已浇筑混凝土的阻隔,导致后期结构混凝土浇筑时产生的气体不能排出;②后浇筑的混凝土由于自身收缩而导致产生缝隙,以及表面出现离析水和气泡;③混凝土侧压力和浇捣速度过快造成模板变形而产生的混凝土面下沉。

经过大量逆作法工程的实践,超灌法、注浆法和灌浆法三种接缝处理方式已经得到成功应用,并取得了良好的效果。

8.5.3 采用注浆法时,注浆通道一般可通过预埋注浆管、预埋接缝棒和后期钻孔等方法实现。采用预埋注浆管时,在后期竖向结构施工前沿水平接缝通长设置注浆管,注浆管径宜为 12 mm。采用钻孔注浆时,钻孔直径宜为 8 mm~10 mm,其后采用注浆针头在钻孔内进行注浆,注浆针头(高压止水针头)利用环压紧固的原理,设有单向截止阀,可防止浆液在高压推挤下倒喷。

8.5.5 灌浆料一般采用树脂系和水泥系两种。树脂系适用于细小的缝隙,成本较高,渗透性良好,适用于处理 0.1 mm 宽度左右的施工缝;水泥系适用于比较大的缝隙,成本较低,适用于处理 0.5 mm 宽度以上的施工缝。

8.6 后期结构预制构件施工

8.6.1 取土口后期封闭的常规施工方法为现浇法,施工现场工作量大,施工进度较为缓慢。采用预制快速封闭技术,可有效加快整体施工进度,提高工程整体经济效益。如在施工现场预制,可减少构件在工厂预制、运输所产生的额外费用,进一步节省施工成本。

目前,预制快速封闭技术仅用于楼板取土口的封闭。随着施工工艺的不断改进,预制楼梯、预制剪力墙等构件在取土口封闭施工的应用,将进一步加快逆作法施工进度,降低工程成本。

9 上下同步逆作法施工

9.1 一般规定

9.1.1 上下同步逆作法具有绿色节能环保以及大幅度缩短工程总工期的显著优势,近年来在国内各大中城市得到加速应用,已经成为了逆作法的主要发展方向。上下同步逆作法一般适用于2层及以上地下室的基坑工程中,对于地下室层数少于2层的工程,采用上下同步施工对整体工期影响不大,而相应采取的措施却可能会一定程度上增加工程造价。对于向上同步施工层数较高(10层及以上层数)的逆作法工程,对竖向支承桩柱的承载力和沉降控制将提出较高的要求,而且还需考虑逆作期间风、地震等水平作用,须根据具体工程进行专项的设计和施工方法的论证。

地上结构体系为框架、带边框剪力墙及墙体布置较为规整的筒体结构时,适宜开展上下同步逆作施工。为控制地上结构荷载,当需向上施工层数较高时,建筑宜采用钢结构或钢-混凝土混合结构。上下同步逆作实施区域的地下结构宜优先采用钢-混凝土组合结构,并尽量减少现场焊接工作量。上下同步逆作法工程中,地下结构相对于上部结构的施工进度相对较慢,在地下结构刚度和整体性尚未形成前,上部结构施工层数过多,加荷速度过快,不利于结构质量和安全的控制,尤其对于采用框剪和筒体结构型式的主体结构,上部结构对地下结构的嵌固作用要求更高,因此对上部结构提出了宜在2层及以上地下结构施工完成之后再向上施工的要求。南京青奥中心双塔项目在地下室顶板和地下一层结构施工完成之后,塔楼核心筒向上施工了18层,外框柱向上施工了 15 层,实践效果良好。

本章条文立足于国内现有的施工技术水平,并参考国内外相关的施工经验,针对性地提出了上下同步施工阶段的施工技术要求,并在其他章节的基础上适当提高了部分技术标准。

9.1.5 上下同步逆作法工程与上部结构不同步施工的逆作法工程相比,面临更多复杂的技术问题,如涉及基坑开挖卸荷和上部结构施工加荷同步进行带来更复杂的差异变形控制、转换结构受力安全和变形控制等问题。因此,上下同步逆作法工程应有针对性的监测方案,施工过程中应全程信息化施工,以便参建各方及时定量地掌握工程各方面的状态,确保工程顺利、安全实施完成。

9.2 施工阶段设计

9.2.2 本条提供的荷载数值根据一般工程情况估计,实际施工荷载对于不同的工程及场地情况会有所不同,尚应结合工程实际情况具体确定,但不得小于本条文中的各项取值。

9.2.3 由于逆作施工阶段属于周期较为短暂的阶段,完全按照正常使用阶段工况进行风和地震作用的结构计算过于保守,也不尽合理,宜根据施工阶段的具体情况作相应调整。根据工程实践经验,对于逆作阶段的结构抗风计算,验算时可考虑 10 年回归期的风荷载,相应数值可根据现行建筑结构荷载规范取值;逆作施工阶段的结构宜进行抗震作用计算,抗震计算时可考虑 10 年一遇地震作用,可将 50 年一遇的地震影响系数乘以 0.4 的折减系数,当抗震设防烈度为 6 度时,由于地震作用影响较小,也可不进行抗震作用计算。此外,当上下逆作高度较高(超过 60 m)时,施工阶段验算应由设计单位完成。

9.2.5

2 当剪力墙厚度大于支承柱截面尺寸 300 mm 以上,且支承柱定位精度有保证时,支承柱可以埋入剪力墙中。因此,支承柱可采用钢管混凝土柱或型钢柱。

9.3 施工与控制

9.3.1 上下同步逆作法工程中,基坑向下开挖的同时,上部结构向上同步施工。取土口平面位置的选择需充分考虑该因素,为减少同步向上施工的上部结构对施工机械作业的影响,取土口应尽量布置在无上部结构区域;当取土口设置在有上部结构区域时,应注意复核取土口位置及周围区域的楼层净空是否能满足挖运土设备的操作空间要求,如果净空不足,可根据施工机械的操作空间需求,在不影响上部结构受力安全的前提下,采取取土口上方局部结构后施工的方式予以处理。

9.3.2 逆作施工平台层的框架柱、剪力墙等竖向结构是上下同步施工时的重要竖向构件。施工时,除了应严格遵循操作标准,严禁出现施工设备直接碰撞上部结构之外,尚应对上部结构采取必要的警示和防护措施。

9.3.3 上下同步逆作法工程,地下部分的后期竖向结构回筑施工时,上部结构已经向上施工了一定层数,为更充分发挥后期浇筑的竖向结构和竖向支承柱协同工作,共同承担后期施加的荷载,对竖向结构的水平施工缝提出了应采取注浆法进行接缝处理的要求。

10 基坑降水

10.1 一般规定

10.1.1 降水管井顶部下移主要有两个目的：一是减少地下结构顶板上的预留孔洞，便于防水处置；二是减少逆筑施工平台上的施工障碍，便于施工。

10.2 疏干降水

10.2.1~10.2.2 逆筑法施工中，降水引起的土体固结变形对地下结构板的浇筑影响不容忽视。地下结构板浇筑施工前应尽快完成疏干降水引起的土体固结变形，良好的疏干降水效果有利于提高排架基础的地基承载力。因此，逆筑基坑疏干降水对井的数量、持续抽水的时间、效果比顺作法要求更高。疏干降水效果可从以下方面检验：①观测坑内地下水位是否已达到设计或施工要求；②通过观测疏干降水的总排水量，判别被开挖土体的疏干度是否已满足要求；③通过现场测试手段，判别被开挖土体含水量是否已降到有效范围内。上述三个方面宜均满足要求。

对于周边被隔水帷幕完全封闭、无地下水补给源的被开挖土体，其给水量可通过下式计算：

$$Q = \mu \times S \times A$$

式中：Q——疏干降水井的抽水总量（m^3）；

　　　μ——土体的给水度；

S——被开挖土体中平均地下水位降幅（m）；

A——基坑开挖面积（m^2）。

表 4   常见土体的给水度（Fetter,1980）

土体名称	给水度（%）		
	最大	最小	平均
黏土	5	0	2
粉质黏土	12	3	7
粉砂	19	3	18
细砂	28	10	21
中砂	32	15	26

10.2.3   对于以明挖为主的顺作法基坑工程,在土方开挖与构筑支撑的交替施工工序中,疏干降水井管通常伴随土方开挖进度被逐段向下割除。这种井管清除方式的缺陷主要有两个方面:一是疏干降水被频繁中断,持续抽水时间短,影响疏干降水效果;二是当降水管井周边存在较陡、较高的临时土坡,易发生土方坍塌,甚至导致人员伤亡。对于以暗挖为主的逆筑法基坑,由于受开挖工况和照明条件影响,为了确保疏干降水效果、杜绝安全生产事故,降水井管在基坑开挖施工中不应逐段向下割除。当基坑开挖至设计标高、完成垫层浇筑后,无需继续进行降水时,可一次性清除降水井管。

10.2.4   对于盆式开挖或面积较大、采取分区开挖施工的逆筑基坑,坑内一般需设置临时边坡且其保留时间较长。为保证土坡稳定与控制变形,沿临时边坡坡顶可采取轻型井点或喷射井点降水。

10.3   减压降水

10.3.1   现场抽水试验有助于加深对拟建场地的工程水文地质特

征的认识,提高设计的可靠性。

10.3.3 逆筑基坑减压降水,一旦发生井结构的破坏,修复或补井的难度较高,故对泥球高度、备用井数量提出更高的要求。

10.3.5 一旦发生停电,由于承压水恢复速率较快,将会诱发严重的基坑突涌事故。因此,基坑开挖至临界深度前,应配置双路独立电源和自动切换装置,并定期演练。

11 基坑开挖

11.1 一般规定

11.1.3 开挖下层土方时,上层混凝土结构楼板强度既要达到基坑围护设计要求的强度,还要满足施工规范的拆模标号要求,如不能满足,需采取增设吊杆减小跨度等措施满足相关规范要求;对于采用无排吊模施工的逆作楼板,因模板及吊杆不拆除,只需要满足围护设计要求的楼板强度。

11.2 取土口设置

11.2.1 逆作法施工时,为了解决土方外运和施工材料(钢筋、混凝土、排架与模板等)的运输,需要在地下各层楼板结构上留设上下连通的垂直运输孔洞,这些孔洞可以利用设计的结构孔洞(车道进出口、电梯通道等)。当已有结构孔洞不能满足垂直运输要求时,必须对楼板结构进行临时开洞,开洞的数量主要取决于日出土量的要求(根据目前的经验,每个取土口 1 台出土设备或挖机按 1 个工作日 8 h 计算,出土量在 700 m^3 左右)。逆作法施工时,软土地区取土口间的水平净距不宜超过 30 m,地下暗挖挖土机有效半径一般为 7 m～8 m,软土地区地下土方驳运主要依靠挖机翻驳,一般控制在翻驳 2 次为宜,避免多次翻土引起下方土体过分扰动;地下自然通风有效距离一般在 15 m 左右,故一般取土口间距不宜超过 30 m;对于类似地铁车站之类的狭长型基坑,基坑两端处宜设置出土口(出土口距端部的距离不宜大于 15 m),

中部区域宜每隔约 30 m 设置 1 个出土口,地铁车站取土口需结合结构诱导缝进行布置。

在满足结构受力的情况下,宜加大取土口的面积。为增加取土口出土效率,结合加长臂挖机的作业需要,大型基坑每个取土口的面积一般宜不小于在 60 m² ,同时为方便钢筋等材料运输,取土口长度方向不宜不小于 9 m,对于局部区域无法满足,取土口对角线长度不应小于 9 m。

11.3　土方开挖及运输

11.3.5　逆作结构模板及支撑体系因挖土标高限制,一般采用短排架支模,开挖前难以先行拆除。挖土时,一般边挖土边拆除垫层及模板,挖土至模板松动时,必须先拆除模板和其他坠落物,然后继续开挖,严禁在未拆除的垫层及模板下站人,防止垫层或模板坠落伤人。拆除的材料必须随时清除,不得堆放在挖土区域的上方,以防下滑击伤人体。

11.3.8　大量监测资料表明,当基坑开挖至设计标高后,围护墙的位移将以较大的速率持续发展,直至垫层、底板换撑完成,变形速率才趋小,位移才得以控制。因此,缩短基坑暴露时间,对于控制围护墙位移至关重要。对软土地区的大面积基坑工程,采取分区、分块开挖和分段施工地下水平结构的施工方法,可大大缩短基坑无支撑暴露时间,进而起到控制围护变形、减小环境影响的作用。

11.3.9　施工平台层的荷载各区域的限值根据施工需要进行确定,当原结构不满足限值要求时,应对原结构进行专项加固设计。施工平台层应能保证施工期间的荷载要求及逆作期间施工对场地的要求;施工平台层落深或高出地面时,应满足运土车辆及挖土机的进出要求;设计的施工车辆通行坡道坡度不宜大于 1∶8;土方车辆通行区域的柱、墙板预留插筋在挖土期间应采取措施加以保护。

11.3.10 在施工平台层取土时,可选用长臂挖机、伸缩臂挖机、抓斗、吊机、升降机、传输带等将土方垂直提升至地面层,土方垂直取土与运输机械主要根据挖土深度进行选择。挖机设备的型号不同,其挖土作业深度亦有所不同,一般长臂挖机作业深度为7 m～14 m,伸缩臂挖机为7 m～19 m,抓斗、吊机、升降机作业深度可达30 m以上。

12　预制板盖挖法施工

12.0.1　采用永久结构顶板覆盖具有道路导改次数少、占用路面时间较短的优势。采用临时预制板覆盖，路面下作业空间较大，路面施工速度快，路面形式灵活方便，但结构完成后需要对临时路面结构进行拆除。

12.0.3　钢盖板结构相对简单、整体性好、重量轻、强度高、可重复利用性相对要好，但其面层由于太薄而容易在使用中遭到损坏。钢筋混凝土盖板造价低，但厚度大、重量大，容易在重复载荷下开裂并破坏，重复利用性较低。

12.0.4　钢盖板一般采用型钢拼装，此种盖板材料来源简单，无需特殊工艺加工，制作简单，承载力可靠，耐久性远比钢筋混凝土盖板要高，可重复利用多次，且在报废后亦能回收利用。该种盖板结构型式如图 6 所示。

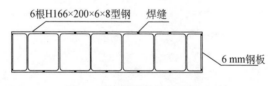

图 6　型钢拼接盖板结构型式

12.0.8　型钢盖板梁宜采用型号较小的双拼形式，或采用型号较大的单品型钢。

12.0.9　首道支撑宜采用混凝土支撑，直接固定于支撑桩顶部。首道支撑和盖板系统主梁分离的施工方法一般应用在路面变形要求相对较低的工程。

12.0.11　钢盖板在实际使用中将受到汽车冲击荷载的作用，因此盖板与支撑系统的减震处理十分重要。钢盖板的底面及剖面如图 7 所示。

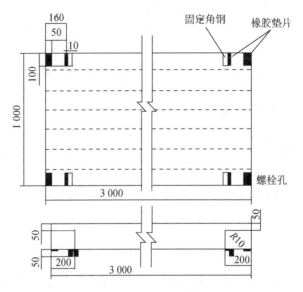

图 7　钢盖板底面、剖面图(mm)

12.0.13　混凝土盖板防水主要包括以下三个主要方面。

　　1　混凝土本身的自防水:混凝土经常接触水的部位应设计为防水混凝土,尤其是路面的部位。

　　2　接缝连接处防水:混凝土盖板纵向接缝连接处通过灌注沥青类填料、设置橡胶垫层来实现防水的要求;横向接缝连接处亦可灌注沥青类填料,并用沥青勾缝;混凝土盖板与圈梁搭接处的缝隙可使用砂浆结合防水填料填充。

　　3　防水涂层:混凝土铺装层上面必须设置防水层(通常采用PC 防水卷材),而且要求其与下部预制混凝土和上部沥青混凝土都有很强的亲和性和附着力。

13 监　测

13.1　一般规定

13.1.3　目前,常采用的监测管理模式为:监测人员现场量测→制作及提交报表→相关人员阅读报表并作出批示→各部门相互沟通并采取措施。

此模式存在较多的不足:

1　及时性较差。从量测结束→制作当日报表→提交当日报表→相关人员阅读报表并作出批示→各部门相互沟通并采取措施,此流程过长,需要的时间过多,这对于管理人员及时了解具体监测数据从而对工程建设的安全性及发展趋势判断是不利的。

2　资源共享性差。参建方各部门相互之间孤立,数据共享性差,相互沟通不便。

3　数据管理能力较差。各种工程资料、工程文档的保存、查询很不便利。这对于工程进展情况的查询、工程问题的解决以及工程经验的总结等都是不利的。

4　数据直观性差。报表往往是由一个个孤立的数据组成的,虽然可以反映当日的数据变化量,但是比较抽象,很不直观。这不便于管理人员从中看到数据的变化规律、发展趋势;不便于管理人员对各数据相互验证,判断数据的真实性。

5　数据分析能力差。对于逆作法基坑,其施工信息管理尤为重要,如对监测数据的判读不及时可能会造成极大的工程损失,因为逆作法基坑工程的施工是楼层自上而下与基坑开挖交替施工的,如果量测数据过大且判读不及时,在无控制措施的情况下继续施工会造成基坑变形过大甚至坍塌,那么,造成的影响不仅仅是基坑支护结构本身,而且还有该建(构)筑物本身的地下结构和上部结构(上下同时施工)。因此,逆作法基坑施工的各个环节都需及时地进行监测控制,达到信息化施工。

逆作法基坑工程在施工过程中具有较大的风险,如果能有一套后台数据分析系统,结合地质条件、设计参数以及现场实际施工工况,对现场监测数据进行分析并预测下一步发展的趋势,并根据提前设定的警戒值评判出当前基坑的安全状态;然后根据这些评判,建议相应的工程措施,指导施工,减少工程失事概率,确保工程安全、顺利地进行,则具有较大的实际应用价值。

远程监控系统的监测数据管理模式为:监测人员现场量测→监测数据上传至远程监控系统→远程监控系统自动汇总分析监测数据→工程每日安全评估(预报警事件的发布处理)→相关人员通过远程监控系统批阅信息。

本节介绍的远程监控系统由两部分构成:一是后台数据分析计算软件,可以对当天工地现场实测数据进行处理、分析,并结合基坑围护结构设计参数、地质条件、周围环境以及当天施工工况等因素进行预警、报警、提出风险预案等;二是基于网络的预警发布平台,其基于 WEBGIS 开发,可以将后台的分析结果以多种形式发布,并通过网络电脑或手机短信的方式将预警信息发送给相关责任人,达到施工全过程信息化监控,将工程隐患消灭在萌芽状态,如图 8 所示。该系统主要有以下特点:

1 远程监控系统通过构架在 INTERNET 上的分布式监控管理终端,把建筑工地和工程管理单位联系在一起,形成了高效方便的数字化信息网络。在这个网络里,借助于 INTERNET 快速、及时的信息传输通道,能够及时把建筑工地上的各种上数据、工程文档、图像等传送到需要了解建筑工地情况的工程管理单位那里,从而为工程管理单位及时了解工地的工程进展和所发生的问题提供了高效方便的途径,同时也为工程管理单位及时处理工地出现的问题提供了依据,使得工程管理更为现代化,工程事故反应更迅速,对工程问题的分析更全面。

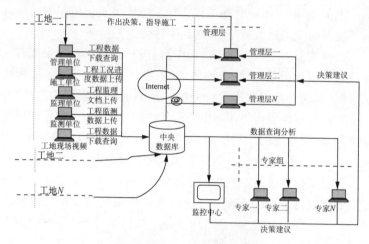

图 8　远程监控管理系统组成

2　远程监控系统通过对计算机技术的运用,能够同时把正在施工的所有工地信息联系在一起,从而方便了工程管理单位的管理,实现了分散工程集中管理和单位部门之间的信息、人力、物力资源的共享。真正改变了传统工程管理中出现的人力物力的重复投入以及人力物力的浪费现象,在节约成本的同时,提高了工程管理的水平。

3　远程监控系统通过运用数据库技术,使得各种工程资料、工程文档的保存、查询变得极为便利。这对于工程进展情况的查询、工程问题的解决以及工程经验的总结等无疑都是极为有利的。

4　远程监控管理系统的管理模式的核心内容是在通过远程监控管理预警系统对项目实施全过程中项目参与各方产生的信息和知识进行集中式管理的基础上,为项目的参与各方在INTERNET平台上提供一个获取个性化项目信息的便捷入口,从而为项目的参与各方提供一个高效率信息交流和共同工作的环境,实现工程的工期、质量和成本控制。

13.1.4 上海市工程建设监测规范主要包括《基坑工程施工监测规程》DG/TJ 08—2001 及《基坑工程技术标准》DG/TJ 08—61 等。这些规范收集了本市的基坑工程监测实例,是地区性经验总结,适用于本市工业和民用建筑工程的基坑、市政工程中排管沟槽、地铁、隧道支护等监测工作。本章未列入的详细的监测点布置原则和监测方法可参照上述规范执行。

13.2 监测项目、测点布置及报警值

13.2.2 一般基坑每边的中部、阳角处变形较大,故中部、阳角处宜设测点。为了便于监测,水平位移观测点宜同时作为垂直位移的观测点。为了测量观测点与基线的距离变化,基坑每边的监测点不应少于 3 点。观测点设置在围护墙顶上,有利于观测点的保护和提高观测精度。

13.2.3 在逆作施工阶段,支承柱的竖向变形主要包括两个方面:一方面,为基坑开挖卸荷引起的支承柱向上的回弹隆起;另一方面,为在已施工完成的水平结构和施工荷载等竖向荷重加载作用下发生的沉降。支承柱竖向位移的不均匀会引起水平结构梁板或支承体系的次生应力。若支承柱间或支承柱与围护墙间有较大的沉降差,会使支承体系偏心受压,从而引发工程事故。因此,支承柱竖向位移的监测特别重要。监测点应布置在支承柱受力、变形较大和容易发生差异沉降的部位。

逆作法基坑的支承柱差异沉降或者支承柱与围护墙差异沉降过大,会导致结构梁板产生裂缝,甚至结构破坏。因此,对于支承柱沉降监测点总数量的要求更高一些。面积较大的取土口一般指取土口边长超过 3 个柱网的情况。

13.2.5 在逆作法基坑工程中,结构梁、板是支撑体系重要组成部

分。水平力主要由结构楼板承担,楼板将自重以及施工荷载传递给梁。在逆作法工程中,结构梁、板处于十分复杂的应力状态下,可能会受到弯矩、剪力和扭矩的共同作用。因此,对于结构梁、板的内力监测是十分必要的。若局部楼板缺失,楼板与临时支撑以及加固边梁相连,该处属结构相对薄弱环节,该类梁也起到了部分围檩的作用。因此,有必要在部分该类梁中布置应力测点。在测得应力的同时,为测得该梁是否存在挠曲情况,宜在上下左右四个侧面分别安装应力计。

13.2.6 基坑隆起(回弹)监测点的埋设和施工过程中的保护比较困难,监测点不宜设置过多,以能够测出必要的基坑隆起(回弹)数据为原则。

逆作法工程中,布置监测点应根据取土口的位置和面积等因素综合确定。对于有条件的基坑,可考虑以下布点方式:

1 距坑底边缘 1/4 坑底宽度处宜布置测点。

2 监测剖面间距宜为 20 m~50 m,数量不少于 2 条。

3 剖面上监测点间距宜为 10 m~20 m,数量不少于 3 个。

13.2.8 上下同步逆作法工程实施过程中,上部结构施工的加荷与下部基坑开挖的卸荷同步交叉进行,既可能出现加荷作用下的沉降,也可能出现基坑开挖卸荷下的隆起,因此全过程的结构变形监测也很重要。本条文对一些重点部位提出了变形监测要求。

13.2.11 在主体结构底板施工前,相邻支承桩间以及支承柱与邻近基坑围护墙之间的差异沉降不宜大于 1/400 柱距,且不宜大于 20 mm。当采用地上地下结构同步施工时,支撑柱差异沉降达到 10 mm 时应报警;适当控制向上同步施工的速度采用远程监控管理模式时,应设置远程监控中心。

13.3 信息化管理

13.3.1 远程监控系统的安装、调试是实施远程监控信息化管理的前提条件,除了要保证网络畅通、远程监控系统硬件及软件的正常工作以外,对监测人员进行监测数据上传至远程监控系统的培训以及其他系统用户的使用培训,保证工程各方用户对于系统的熟练使用也是十分必要的。远程监控中心应对工程各方用户进行定期以及不定期培训,以保证远程监控工作正常进行。如果远程监控系统出现故障,远程监控中心应及时采取措施使系统恢复正常工作状态。

13.3.3 对于远程监控模式的信息化管理,数据上传的及时性是十分重要的。远程中心人员需要及时了解工程本体及周围环境的变化情况,从而对工程的安全状态作出评估。

监测数据的真实、完整、有效是判断基坑与周围环境安全与否的前提,严禁监测人员编造数据,并且严禁漏报、瞒报监测数据。

基坑施工的工况信息是十分重要的,监测数据应与工况相匹配。仅仅有监测数据,无法准确地反映基坑和周围环境的状况,从而无法对工程的安全状态作出准确评估,而且在没有工况信息的情况下,无法判断监测数据的真实性、准确性。

当监测数据达到或超过警戒值时,数据上传的及时性更为重要。基坑或者周围环境已经处于不利状况,如果数据上传滞后,可能会丧失采取应急措施的宝贵时间。因此,要求监测人员在监测完毕后先立即通报远程监控中心,然后再上传数据,尽可能为远程监控中心人员采取对策争取时间。如果不具备上传数据的条件,监测人员应通过其他方式向远程监控中心上报监测数据,例如通过电话、传真、人工送达等方式。

13.3.4 远程监控系统应能通过内嵌的计算模型或其他工具对监测数据进行自动分析。数据分析曲线指各监测项目单个测点的本次监测数据曲线、历时监测数据变化曲线,多个测点的本次监测数据对比曲线、历史监测数据变化对比曲线。通过监测数据的自动分析和数据分析曲线,能够判断工程目前的安全状态和趋势,指导工程建设施工。

预报警自动提示指当监控数据的变化超过预先设置的各级预报警控制指标时,系统能自动采取发短信等方式让相关各方人员立即获知预报警信息。

当工程处于预报警状态时,远程监控管理系统应自动向相关各方人员发出预报警信息,并且在远程监控管理平台上及时发布预报警事件的最新信息,从而使相关各方人员能共享信息,及时协调处理和闭合预报警事件。

14 施工安全与作业环境控制

14.2 通风排气

14.2.1 对于挖土机作业面和电焊作业面等废气集中排放的区域,宜采用系统功效高、废气污染面小的强制排风方式。

14.3 照明及电力设施

14.3.1 根据现行行业标准《施工现场临时用电安全技术规范》JGJ 46 的相关要求,无自然采光的地下室大空间施工场所应编制专项照明用电方案。

14.3.3 逆作法施工时自然采光条件差,结构复杂,尤其是节点构造部位,需加强局部照明设施;当在一个工作场所内局部照明难以满足施工及安全要求时,必须和一般照明混合配置。施工现场照明设置应符合现行国家标准《建筑照明设计标准》GB 50034 的规定。

14.3.5 标准灯架搭设示意见图 9。

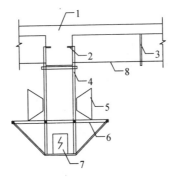

1—结构楼板;2—植筋;3—支架;4—钢筋;5—照明灯具;6—夹板;7—电箱

图 9 标准灯架搭设示意

14.3.6 水平线路可利用永久使用阶段的管线预埋在楼板中,竖向线路可在支承柱上的预埋管路,如图 10 所示。

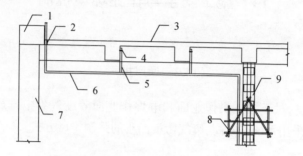

1—压顶梁;2—预留孔;3—结构楼板;4—膨胀螺栓;5—角钢;
6—预埋管路;7—地下连续墙;8—电箱架;9—钢立柱

图 10　预埋管示意